NEUROBIOLOGIA DEL INTELECTO

LIBRO DIEZ

QUÉ ES UN MODELO NEURONAL

ENSAYOS NEUROEPISTEMOLÓGICOS

YURI Q. ZAMBRANO, M.D.

2014

EDITORES

NEUROBIOLOGÍA DEL INTELECTO
LIBRO DIEZ: "QUÉ ES UN MODELO NEURONAL"

Primera Edición.

Copyright © 2014, By Yuri G. Zambrano. Respecto a la primera edición de **NBI EDITORES** en español, para todos los libros del autor asociados a NEUROBIOLOGIA DEL INTELECTO y *SUMMA NEUROBIOLOGICA*.

EDITORES
(E-mail: neuronalself@gmail.com).

International Standard Book Name:
ISBN 978-1-291-84532-7

Prohibida la reproducción total o parcial de esta obra, Por cualquier medio sin la autorización escrita del editor.

IMAGEN EN PORTADA: "DECODIFICANDO POBLACIONES NEURONALES" (A.K.A: Atravesando la Barrera GNR)

Diseño e Impresión: NBI Editores

Impreso en México.

Arial 12 pts. mayor parte del texto y Bibliografías en Times New Roman, 10 pts. Títulos y estilo acordes a convenciones generales. Gráficas debidamente reseñadas y bibliografiadas, según derechos internacionales de autor.

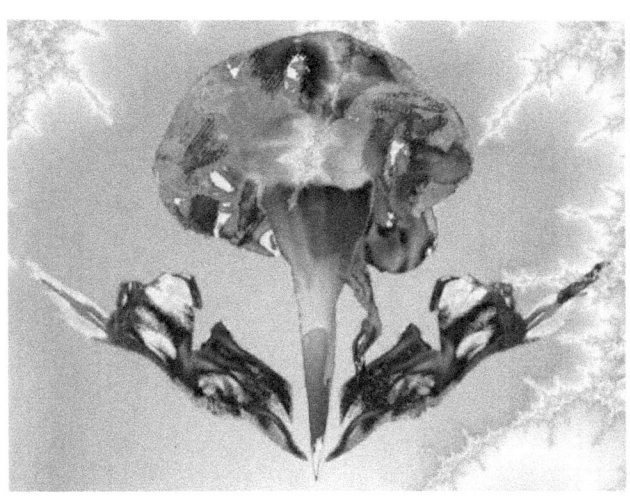

¿Cuándo comienza el aprendizaje?

Hay una brecha considerable entre conocer el nombre de las cosas, **re**-conocer el nombre de esas cosas, y entender finalmente tales cosas.

Cuando creemos comprenderlas, apenas nace el concepto.

A todo eso, hay que darle vueltas constantemente!

Tenochtitlan, Enero 22, 1989.

Le Faux Miroir, 19 x 27 cm. Óleo sobre tela.
Museo de Arte Moderno de Nueva York
René Magritte, 1928

Contenido

LIBRO DIEZ

I Proemio a la edición global III
II. *Summa neurobiológica* V
III. Prefacio al Libro Diez XI
IV. Creencia Neurobiológica XVII
V. Acrónimos XIX

QUÉ ES UN MODELO NEURONAL

MÓDULO 35

DE LA NEUROBIOLOGÍA EXPERIMENTAL CLÁSICA A LA YOCTOCOMPUTACIÓN

35.1 Conformación de redes: Conectividad y Computación 1
35.2 Principios de Retropropagación ... 5
35.3 De las Unidades y el Carácter Computacional 11
    35.3.1 Aproximaciones a la Operación Computacional 15
35.4 El Advenimiento de la Cibernética Y la Inteligencia Artificial 19
    35.4.1 Inteligencia Artificial y la Contingencia GNR 26

    35.4.2 Cibernética y Sociedad: Naturalizando la Computación 33
    BOX 10.1

II

Los Códigos Ocultos en la
Transferencia de la Información 37

MÓDULO 36

EL MODELO NEURONAL DEL PROCESAMIENTO MATEMÁTICO

36.1 ¿Saben los Animales Contar? 40
36.2 Cálculo Mental y Evolución
 Neuronal 43

MÓDULO 37

MODELOS ALTERNOS DE PROCESAMIENTO EN FUNCIONES CEREBRALES SUPERIORES

37.1 Estructuración Neural De Los Patrones
 Atentivos 60

37.2 Un Modelo Neuronal Pluriconvergente
 y Temporal 77

EXCERPTA SUCINTA 83

BIBLIOGRAFIA 85

PROEMIO PARA LA EDICION TOTAL

Después de mucho considerarlo y ponderar si "Neurobiología del Intelecto", — un tratado sobre el devenir de la neurobiología y sus aplicaciones a las funciones cognitivo-intelectuales y concienciales—, debería ser fraccionado; se decidió realizar la edición de esta apoteósica obra - con más de 1500 hojas (en A4) -, integrando publicaciones más breves. Es decir, volúmenes con exégesis a manera de *epítomes* o compendios como si fueran excerptas que pudiesen ser digeribles y más abiertas al lector interesado en dilucidar los enigmas que la neurobiología nos ofrece, para entender, el cómo se estructura el curso del pensamiento intelectual.

Originalmente la obra, fue finalizada hace 10 años, en más de 64 módulos con apéndices algorítmicos que sustentan la teoría de la epistemología neuronal (TEN). Estos módulos, obedecen a la nueva perspectiva de procesamiento neuronal, basada en modelos distribuidos, donde la información es procesada jerárquicamente en columnas neuronales; siguiendo además, los cánones de reverberación sináptica Hebbiana, útiles para consolidar los procesos de memoria y aprendizaje.

La obra está dispuesta en cinco partes, dividida didácticamente en módulos, iniciando desde conocimientos muy superficiales hasta la explicación de complejos mecanismos de procesamiento neuronal que se dan en las funciones de alto orden conciencial.

Así pues, la primera parte relaciona a la infraestructura del pensamiento, describiendo la función integral molecular de la neurona hasta los mecanismos que se utilizan para generar información coherente y sincronizada produciendo actividad intelectual. La segunda y tercera partes, tratan sobre fisiología y dinámica neuronal integrativa, desde la función biofísica de canales iónicos y la liberación de neurotransmisores, hasta la explicación de la integración de redes neuronales por mecanismos de retropropagación y algorítmicos. Las dos partes finales, contienen módulos de función cerebral superior como mecanismos de memoria e integración conciencial, describiendo la actividad neuronal que subyace en los estados amplificados de la conciencia, y también en los estados básicos de conciencia.

En esta colección de volúmenes, el autor, en comprometida recopilación, busca la actualización de sus bibliografías con casi 30 años de estudio en el tema, y además orientándolo por primera vez en español, hacia la Neuroepistemología; recurriendo al método científico, a la investigación en conciencia y a las redes neuronales que la generan; completamente analizadas desde el punto de vista de la TEN.

Este trabajo se presenta como una alternativa inicial, útil para diversificar el pensamiento y abrir opciones de búsqueda a nuevos investigadores que objetivamente, conforman la substancia de la esperanza humana.

A continuación la *summa neurobiológica* original, de la que se desglosarán las exégesis pertenecientes a "Neurobiología del Intelecto".

YURI ZAMBRANO

NEUROBIOLOGIA DEL INTELECTO

"SUMMA NEUROBIOLÓGICA"

- PARTE I -
INFRAESTRUCTURA DEL PENSAMIENTO

1. QUÉ ES LA NEUROBIOLOGÍA.

Módulo

1. De los Diversos Aspectos de la Neurobiología
2. De sus Herramientas Experimentales
3. Perspectiva Pragmático-Evolutiva de la Neurobiología Conductual
4. La Neuroimagen: una Estación de Relevo Futurista

2. El Fascinante Sistema Nervioso:
LA COMPLEJA MAQUINARIA FUNCIONANDO

Módulo

5. Principios Básicos Neuroanatómicos
6. Neurogénesis

LAMINAS ANEXAS

3. LA ULTRANEURONA,
O EL PARADIGMA DE LA ESPECIFICIDAD

Módulo

7. Cómo Funciona
8. El Tráfico Endosómico de Proteínas
9. La Personalidad De Las Neuronas
10. El Sorprendente Escenario Cerebelar

11. Sinaptogénesis y Guía del Axón.

4. "EN BUSCA DEL PENSAMIENTO PERDIDO..."
Algunas Disquisiciones sobre La Frenología y La Topografía Cortical

Módulo

12. Aproximaciones al Estudio de la Fisiología Cortical
13. El Mapeo Cortical como Herramienta en la Comprensión De La Función Cerebral.
14. Estratificación Cortical y Corticogénesis
15. La Artesanía Cortical y la Emergencia de las Funciones Cerebrales Superiores.
16. Asimetría Hemisférica
17. Cómo se genera la imagen mental

- PARTE II -
LA DINAMICA NEURAL

A. IMPLICACIONES PARA UN MECANISMO OPERACIONAL

5. ONTOGENIA DE LOS SENTIDOS Y SUS VÍAS DE PROCESAMIENTO
El procesamiento de las sensaciones

Módulo

18. La Génesis Para Cada Uno, Tiene Sentido.
19. Las Vías De Procesamiento Sensorial
20. Cómo Actúan

6. APOPTOSIS Y MUERTE NEURONAL.
(Vida, Obra y Realidades De Un Sistema Neural)

Módulo

21. La Regeneración Neuronal y Las Perversiones Neurotróficas

22. La Totipotencialidad Celular y el Recambio Neuronal
23. El Sacrificio Neuronal Programado
24. La Diversidad Terapéutica de la Regeneración Neuronal

B. DE LA CONFLUENCIA DE LOS ELEMENTOS

7. DE LOS IONES A LA MEMBRANA.

Módulo

25. El Movimiento de Iones y La Generación Del Potencial De Acción
26. De Los Fundamentos Integrativos Para la Comunicación Neuronal.
27. Proteínas De Predominio Transmembranal Implicadas en la Comunicación Neuronal.
28. La Crítica Señalización Intracelular

8. ATENCIÓN: SINAPSIS TRABAJANDO

Módulo

29. Componentes Electroquímicos De La Sinapsis
30. Liberación De Neurotransmisores
31. Modulación Presináptica e Integración Neuronal

- PARTE III -
REDES NEURONALES

9. EL PROCESAMIENTO DE LA INFORMACIÓN INTELECTUAL

Módulo

32. El Centro de Múltiples Correspondencias
33. Redes Neuronales que son Imprescindibles
34. Importancia de los Neurotransmisores en la Modulación de las redes neuronales

10. QUÉ ES UN MODELO NEURONAL.

Módulo

35. De La Neurobiología Experimental Clásica a la Yoctocomputación
36. El modelo Neural del Proceso Matemático
37. Modelos Alternos De Procesamiento en las Funciones Cerebrales Superiores

11. HACIA UNA NUEVA CONCEPCIÓN DEL PROCESAMIENTO NEURONAL

Módulo

38. Conceptos Clásicos
39. Conexionismo
40. El Modelo Conexionista para acceder a la Fenomenología de la Conciencia

APENDICE ALGORITMICO DE LA TEN
(Incluye Sub-Apéndice Cuántico)

- PARTE IV -
LAS APLICACIONES DE ALTO ORDEN

12. BASES MOLECULARES PARA GOZAR DE UNA MEMORIA SORPRENDENTE

Módulo

41. Bases Neurofisiológicas y Moleculares de la Memoria
42. El Papel De Los Promotores Genéticos

13. LOS SISTEMAS DE MEMORIA Y LAS CORTEZAS DE ASOCIACIÓN

43. Sistemas De Memoria y sus Mecanismos de Almacenamiento y Recuperación
44. Su Relación con el Lóbulo Temporal
45. La Corteza Prefrontal

14. DEL OLVIDO AL NO ME ACUERDO
(Memoria Emocional y Afectiva)

Módulo

46. La Integración de la Respuesta Emocional
47. La Memoria Y Las Hormonas
48. Las Emociones: ¿Se Archivan? O Se Descartan...

15. HABLANDO SE ENTIENDE LA GENTE

Módulo

49. La Conformación Evolutiva del Lenguaje
    y la Disociación Neural
50. Cómo se Genera la Adquisición del Lenguaje
51. La Arquitectura Neural del Lenguaje Articulado

- PARTE V -
NIVELES DE CONCIENCIA Y COGNICIÓN

16. CONCEPCIÓN NEUROBIOLÓGICA DE LA CONCIENCIA

Módulo

52. Quién es ese «Sí Mismo» que Tanto Mientan.
53. Las Bases Neurobiológicas que Permiten
    Concebir el Problema
54. El Enfoque Neurofísico Conciencial
    y el Mapa Neurobiológico de la Mente

17. LOS NIVELES DE PERCEPCIÓN EN LA CLÍNICA DE LA CONCIENCIA

Módulo

55. Sueño y Coma, La Clínica Imperativa
    Tras La Conciencia
56. Anomalías en la Percepción, que Indican Graduación Conciencial

57. Bases Neurales para la Cognición Ultrasensorial
58. Epilepsia: La Importancia del Aura como Nivel de Conciencia

18. LOS NIVELES DE LA PERCEPCIÓN EXTRASENSORIAL

Módulo

59. Estados Alterados y Ampliaciones de la Conciencia
60. La Fenomenologia Ultrasensorial de la Materia: En Demanda De Los Correlatos Neurales

19. LA SUBLIMACIÓN DEL INTELECTO Y LA NEUROEPISTEMOLOGÍA.

Módulo

61. Tras La Utopía Del Engrama Conciencial
62. Consideraciones Filosóficas
63. El *Episteme* Proteico
64. La Clave De Acceso ...

APÉNDICE X
SEX~cUALIDAD Y CEREBRO

Módulo

X.1. Genes y Cortejo: Conducta Sexual
X.2. Los Neurotransmisores y La Actividad Sexual
X.3. El Hipotálamo y El Sexo
X.4. La Evolución del Intelecto, ¿Se Debe a una Eficiente Selectividad Sexual?

BIBLIOGRAFÍA
Glosario
Índice Analítico

INTRODUCCION A LA OBRA EN PARTICULAR

LIBRO DIEZ

'QUÉ ES UN MODELO NEURONAL'

Los modelos basados en redes neuronales, son el paradigma a seguir para tratar de comprender de alguna manera la gran complejidad del funcionamiento operativo del cerebro y sus intrínsecos mecanismos, cuya finalidad es procesar la información adecuada incrementando la función neuronal mediante la eficacia de las interacciones sinápticas, las cuales se fortalecen con la continua transferencia de los datos, gracias a la comunicación interneuronal.

La mayor parte de este texto, se centra en la estructuración de las redes y su muy estrecha relación con los modelos computacionales, presentando una evidencia adaptada al procesamiento numérico en el cerebro. Es decir, cómo se estructura el comando de alto orden para distinguir los números, enunciarlos semánticamente y, además, darse el lujo de concretar operaciones aritméticas.

En cada una de las secciones de este libro, las comprobaciones experimentales de la neurobiología son el sustrato fundamental para explicar por qué se persigue constantemente la causalidad de los fenómenos relacionados con el intelecto. El caso de aplicar electricidad en las fibras musculares de la rana, hecho contingencial provocado por un alumno de Luigi Galvani; la cruel extirpación de grandes áreas encefálicas para justificar las funciones cerebrales desde un punto de vista frenológico hasta bien entrado el siglo XIX; y los experimentos clásicos de Walter Cannon y Philip Bard para concebir estructuralmente los primordios de la emoción, o los de Karl Lashley en busca del centro responsable de la memoria; los oficios táctiles y motores de Wade Marshall; los especímenes de Clinton Woolsey; el homúnculo sensoriomotor en humanos de H. Rasmussen y Wilder Penfield, todos ellos son parte de los ejemplos que continuaron con elegantes protocolos en cortezas de asociación para acreditar modelos de memoria entre otros muchos paradigmas.

    La neurobiología comparativa ha contribuido en gran medida a estos avances; sin embargo, el acontecimiento más relevante en los últimos años ha sido la increíble ola neurotecnológica, que se traduce principalmente en sofisticados mecanismos de imagen y, sobre todo, en aparatos desarrollados para comprender procesos intermedios de vías sensoriales como la visión, además de los recursos GNR (Genética, Nanotecnología y Robótica) que son fundamentales para la concreción integral de las redes.

En los estudios de neuroimagen, o en dispositivos de investigación en este campo, se ha detectado que el cambio transduccional que se realiza dentro de los eventos asociados a la síntesis de rodopsina, el pigmento colorimétrico vinculado con la retina, se realiza en magnitudes de femtosegundos; esto es, 1×10^{-15} segundos. Igualmente, la unidad de procesamiento en el magnetoencefalógrafo -un aparato que ha sido utilizado para medir estados de correlación tálamo-cortical asociados a la conciencia - emite lecturas en Femtoteslas.

Esto quiere decir que a tal velocidad, muy pronto se requerirán medidas mucho más pequeñas, con instrumentación vanguardista, para medir eventos bioquímicos y moleculares cada vez más exquisitos, y que podrían estar ligados potencialmente a la inteligencia artificial, neurocibernética, robótica y tecnología GNR.

Finalmente se discute la operatividad de la atención, solo en lo referente al modelo de la mediación temporal de las contingencias, y su traducción prospectiva y retrospectiva frente a los eventos de procesamiento neuronal prefrontal, así como un modelo conciencial, que incluye un procesamiento pluriconvergente en tiempos presente, pasado y futuro con el análisis de interacciones subjetivas.

EL AUTOR

XIV

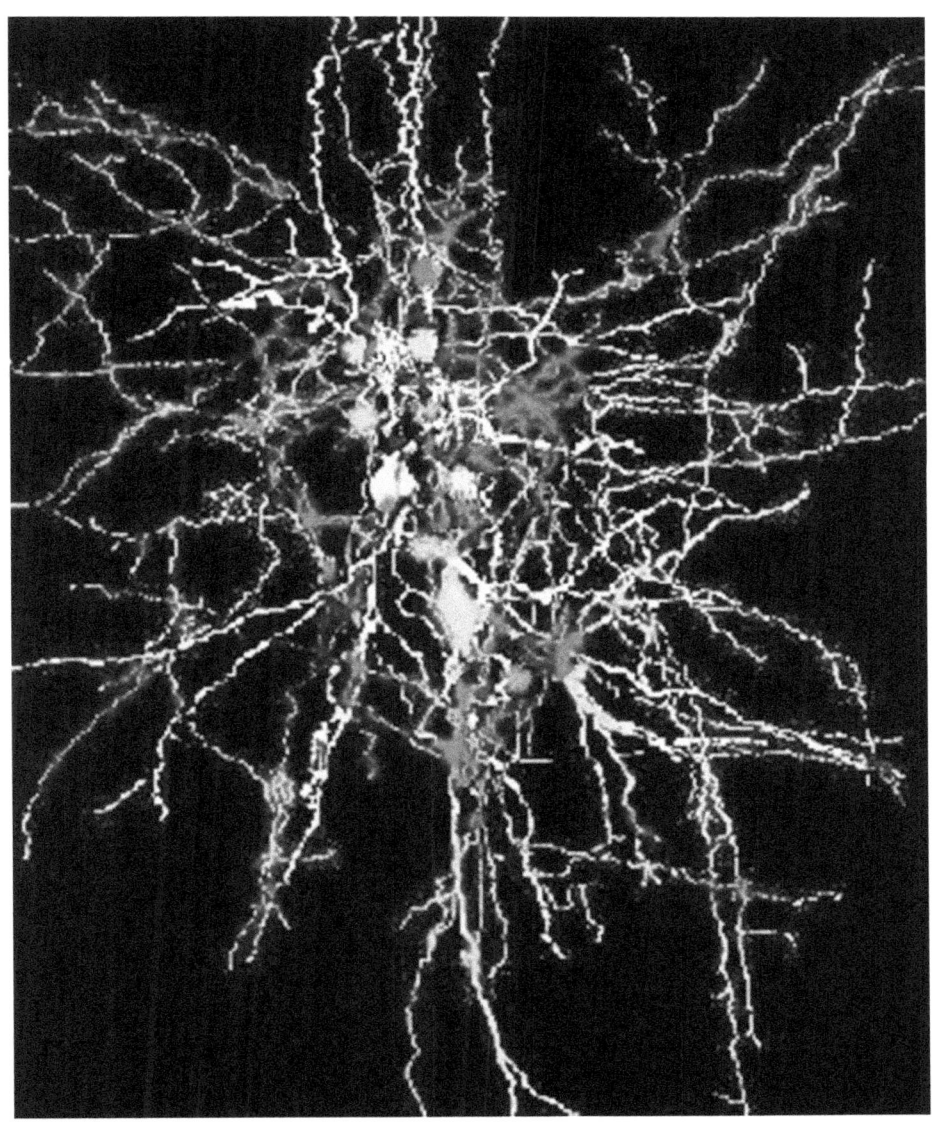

XVI

CREENCIA NEUROBIOLÓGICA

>En algún espacio de *terra firme*,
>al sureste de los lagos glaciares
>del Sol y de la Luna,
>Dentro del cráter del Volcán Xinantecatl.
>(Noviembre 16 de 1996, 01:43 am.)

Creo en la sinapsis de Sherrington,
señora y dadora de vida
que procede
del cono de crecimiento axonal
y de la unión neuromuscular,
primera transformación
de lo invisible a lo visible,
proceso de expansión de un sistema.

Creo en la liberación de
Neurotransmisores,
nacida de la despolarización neuronal
antes de la inhibición presináptica
y en los eventos que la componen.
Efecto de efectos moleculares
Luz de luz,
engendrados no creados
de la misma naturaleza biológica
de los ácidos nucleicos,
por quien todo fue hecho;

Que por nuestra salvación
fue crucificada en tiempos apoptóticos,
y por obra evolutiva,
fue ascendida a unidad neuronal,
sentándose a la derecha de la ciencia,
y de nuevo vendrá con gloria
para juzgar a crédulos y escépticos,
y su reino no tendrá fin.

Creo en la santa coherencia neuronal,
que procede de una armonía
sincrónica,
que por los dos anteriores
recibe comandos genéticos
predeterminados,
adoración y gloria,
dedicación y sustento;
y que habla por nuestros
comportamientos.

Y en la Neurobiología
que es una santa,
científica y apostólica
confieso que hay varios textos
para el perdón de nuestra ignorancia
esperamos la resurrección del
entendimiento
y la conversión del mañana
en prehistoria

Amén.

XVIII

ACRÓNIMOS

Ach: Acetilcolina
CCA: Corteza Cingulada Anterior
COF: Corteza OrbitoFrontal
CPFDL: Corteza Prefrontal DorsoLateral
CPFVM: Corteza PreFrontal Ventromedial
GABA: Acido γ Amino-Butírico
GNR: Genética Nanotecnología y Robótica.
I.A: Inteligencia Artificial
IIT: Teoría de la Información Integrada
M1: Corteza Motora Primaria
NA: Núcleo Anterior
NVL: Núcleo Ventral Lateral
NVPL: Núcleo Ventral PosteroLateral
NVPM: Núcleo Ventral PosteroMedial
PCS: Pedúnculo Cerebeloso Superior.
S1; Area primaria sensorial.
TEN: Teoría De La Epistemología Neuronal

XX

And all things that can be known contain number, without this nothing could be thought or known.

Philolaus, 500 AC.

The adjective "heuristic," as used here and widely in the literature, means related to improving problem-solving performance; ... A "heuristic program," to be considered successful, must work well on a variety of problems, and may often be excused if it fails on some.
We often find it worthwhile to introduce a heuristic method, which happens to cause occasional failures, if there is an over-all improvement in performance. But imperfect methods are not necessarily heuristic, nor vice versa. Hence "heuristic" should not be regarded as opposite to "foolproof"; this has caused some confusion in the literature.

Marvin Minsky, 1960
Air Force Office of Scientific Research

Módulo 35

DE LA NEUROBIOLOGÍA EXPERIMENTAL CLÁSICA A LA YOCTOCOMPUTACIÓN.

35.1 CONFORMACIÓN DE REDES: CONECTIVIDAD Y COMPUTACIÓN

Los expertos en esta multidisciplinaria área de la investigación tratan constantemente de explicar el funcionamiento del cerebro, o alguno de sus subsistemas, mediante formatos didácticos, que implican la necesidad de constituir redes neurales. La totalidad de conexiones ideográficamente distribuidas en un sistema, cuyo propósito es traducir una función determinada de un cúmulo de células nerviosas siguiendo un mismo objetivo, se conoce como modelo neuronal. Por consiguiente, la múltiple forma de comunicarse entre las partes de un conjunto de elementos es lo que determina la especificidad y complejidad de una función (Bota *et al*, 2007, Ceruzzi, 2012, Sporns, 2011, 2014).

> La integración de nuevos modelos neuronales asociados al conexionismo requiere del concurso de varias disciplinas como la computación

Bajo la premisa ineludible de que todo modelo enunciado dentro de los cánones de la teoría, debe ser rigurosamente comprobado mediante la metodología científica, los especialistas en neurocomputación están cada vez más seguros de que podrían llegar a comprender el funcionamiento cerebral desde ésta óptica a expensas de los arduos procesos que la neurobiología experimental les depara. Para cumplir con tal fin, fundamentan sus hipótesis siguiendo extenuantes leyes y formulismos matemáticos que sustentan el amplio conocimiento en su área, incluyendo procedimientos fundamentales de las leyes de la conectividad, el sustrato esencial por el que se rige esta relación interneuronal.

Tal y como se discute en estos libros de redes neuronales, el conexionismo, y en especial la plétora de entusiastas representantes e investigadores, dejan muy en claro que el concepto básico de la comunicación heurística es fundamental para entender la importancia de los modelos funcionales existentes en el SNC. No obstante, la visión actual de la persistencia de los paradigmas relacionados con el desempeño de la neurobiología del intelecto, particularmente con el estudio de complejas tareas que subyacen a los comandos de alto orden cerebral, tienen un esencial fundamento en el trabajo de Donald Hebb, a mediados del pasado siglo XX. Así, los modelos de las sinapsis *hebbianas,* quiérase o no, son el principio de la neurobiología del tercer milenio. A pesar de los grandes trabajos de descripción histológica de Santiago Ramón y Cajal hace decenas de años y de su teoría neuronal, ampliamente descrita en la parte II de la dinámica neural de este texto, es claro que los conceptos de aplicación de diversos objetivos celulares en su estricto rol fisiológico~operativo descansa en los preceptos de la «Organización de la Conducta», el manifiesto Hebbiano que modificó los conceptos utilitaristas de los modelos neurales, basados en los principios que median la memoria y el aprendizaje (Hebb, 1949).

> La retro alimentación de la información, es el dispositivo básico para optimizar tareas neuronales de alto comando.

Sus planteamientos de la «actividad reverberante persistente» en los circuitos corticales contemplados primariamente por Rafael Lorente de Nó, pero analizados de manera convergente en activaciones secuenciales postuladas por Hebb como «fase de secuencia», son parte de su

«Postulado Neurofisiológico» (Sejnowsky, 1999).

> El concepto computacional de refinamiento iterativo, puede ser asociado a la sinapto génesis.

De ello se desprende la gran actividad relacionada con las vanguardistas teorías de la plasticidad y la eficacia sináptica y, con la misma sinaptogénesis, que durante los próximos años seguirá dando grandes sorpresas en los desarrollos de modelos neuronales a futuro, lo que sin duda nos unirá a conceptos más maquinales, acordes con las urgencias contemporáneas de la inercia subyacente a la evolución humana y la inteligencia artificial, muy popular en décadas anteriores. En este dominio, la máquina aprende mediante el denominado "refinamiento iterativo", similar al que se ve en animales bajo disciplinas derivadas del condicionamiento operante y clásico pavloviano, uno de los temas de la ética computacional, en la que el robot se aproxima al hombre y viceversa (Minsky, 1994). La constante retroalimentación, el uso continuo de intercambio de programas en un sistema computacional, mejora el funcionamiento de la misma. Esto se puede comprobar en los programas destinados a la escritura, o en los de procesamiento de imagen, así como en los conocidos como programas de dictado, que cuanto más se ejerciten, mayor será su porcentaje de eficiencia.

Qué es un Modelo Neuronal

En un nivel más simplista, este imprescindible intercambio de información basado en la especialización de sus unidades es calificado constantemente y depende fundamentalmente de tres fases:

1. Adquisición o entrada de datos.
2. Modificación de la señal inicial.
3. Resultante de la información procesada.

35.2 PRINCIPIOS DE RETROPROPAGACIÓN

Según Geoffrey E. Hinton, doctor en inteligencia artificial por la Universidad de Edimburgo y eminente analista de los fenómenos de aprendizaje de redes computacionales durante los últimos 30 años, las unidades de una red neural artificial convierten su patrón de activación elemental -equivalente a nuestro patrón de disparo neuronal- en mecanismos de interacción salientes para transmitir datos, ocasionado dos estadios fundamentales de la comunicación computacional, el *input* o ingreso cuantitativo de información y, la sagrada comunión *input-output*, importante para que exista una modificación en la categorización cualitativa de la información (Hinton, 1992).

> La retro propagación es el garante operativo de la biología y la computación a la ecuación de la TEN.

Principios de Retropropagación

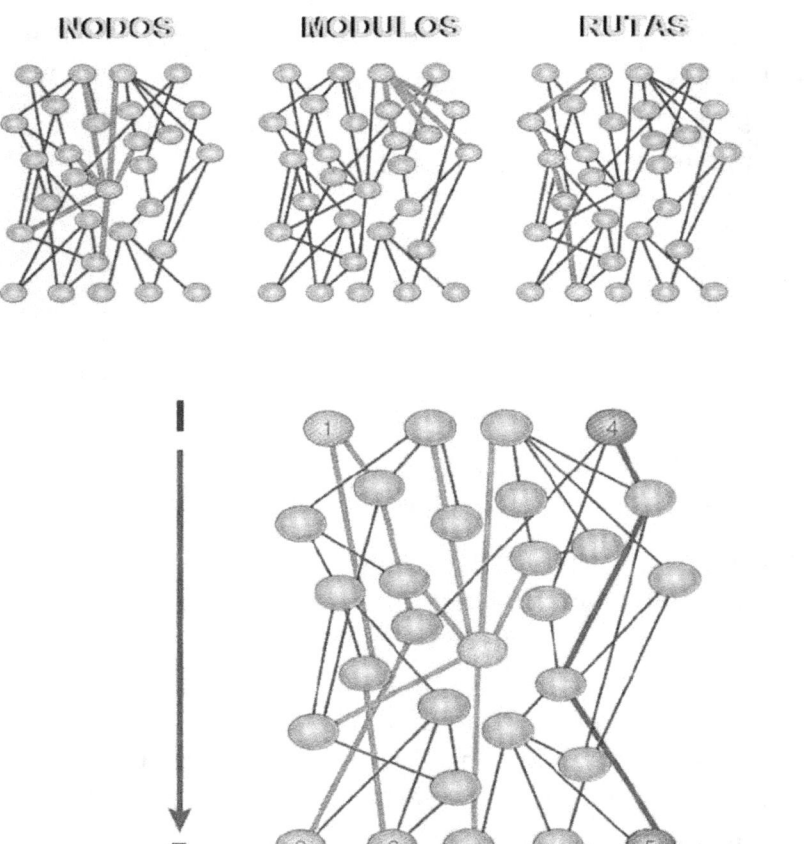

Fig. 10.1 Conformación de redes y análisis estructural de su señalización. En A, Un modelo neuronal requiere nodos con gran capacidad de conexión en un ambiente dispuesto para desplegar la señalización en un sistema. Los módulos son grupos predeterminados con funciones similares, preparados para seguir intuitivamente la señalización interna de una red y ejercer en sincronía, señales de alta especificidad. Las rutas o vías de señalización, son reacciones asumidas de manera lineal dispuestas entre la entrada de una información (I) y el resultado procesado de la misma (O). En B, el análisis estructural de la red identifica componentes que son bien o pobremente conectados entre sí. En la gráfica inferior, la unidad mejor conectada es la verde (al centro) y en un sistema aplicado a farmacología, por ejemplo, esta capacidad puede ser modificada hipotéticamente o a su vez modificar a los componentes con quien se establezca contacto. El análisis estructural también caracteriza señales de *input* (I), que generar respuestas (O), *output*. En este esquema de señalización en red, los *input* 1 y 4 pueden generar señales de salida (O) en 2, 3 y 5. (Modificado de Papin *et al*, 2005)

Cuando la información es modificada, existe un margen de error « Σ », que identifica que la calidad de la transferencia ya no es la misma. Al finalizar su doctorado en Harvard, Paul J. Werbos propuso que debería existir un mecanismo inverso que sirviera como modelo matemático a manera de revisión, para reconocer los pasos realizados en la interacción de las aferentes y eferentes de una información, ocasionando este cambio cualitativo (Werbos, 1974). Unos años después David B Parker, en Stanford, y David E. Rumelhart, en San Diego, describieron de forma independiente el modelo algorítmico de la retroalimentación[1]. La aplicación de los algoritmos en el paradigma del aprendizaje artificial es relativamente reciente, e inicia con la teorización de la fenomenología predictiva en la propagación inversa de la información (Werbos, 1974).

La información procesada en modelos computacionales tiene 3 fases que son: el acopio de datos o *input*, la transferencia de la información *(hidden)* y su transformación final o *output*.

Utilizando los principios de que las unidades microcomputacionales de un sistema pueden, por sí solas, desarrollar actividades de enseñanza apoyadas en el reconocimiento de sus errores, los científicos se preocuparon por difundir las teorías algorítmicas que tratan de explicar, con fundamento matemático, la razón de los mecanismos de retroalimentación y el aprendizaje basado en la propia experiencia, a partir de los caracteres cualitativos de la

---

[1] En el idioma inglés es descrito como *«Back Propagation Algorithm»*

entrada de información a un sistema (Rumelhart, *et al*, 1986).

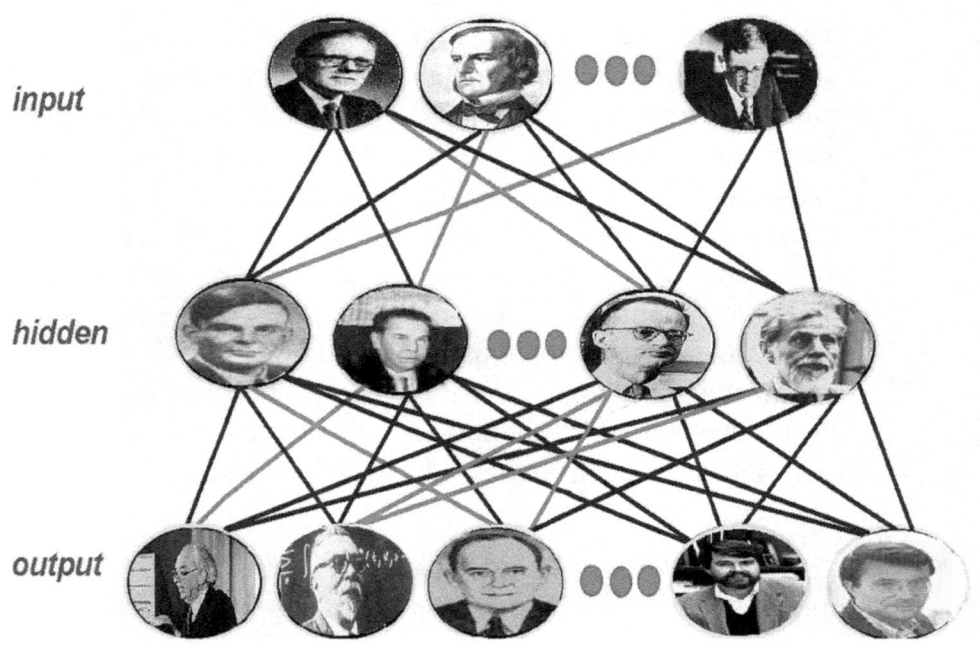

FIG. 10.2 Modelo Clásico en el procesamiento de redes neuronales. Consiste en tres fases, ingreso de la información *(input)*, transferencia *(hidden)* y su consecuente resultado final *(output)*. La diferencia de colores en las conexiones indica diferentes pesos sinápticos. En el *input*, de izquierda a derecha Donald Hebb, George Boole y Vannebar Bush. En *hidden,* Allan Turing, Arturo Rosenblueth, Walter Pitts y Warren Mc Culloch. En *output,* John Atanasoff, Norbert Wiener, John Von Neumann, David Rumelhart y Terrence Sejnowsky. En la parte superior derecha, Geoffrey Hinton. (Modificado de Hinton, 1992).

La similitud del comportamiento biológico de la comunicación neural y las leyes que regulan el sistema de retroalimentación algorítmico de Rumelhart y cols. parece encontrar aspectos coincidentes en la eficacia sináptica. Por tanto, el principio de la potenciación de los modelos neuronales, busca en su fundamento una optimización fisiológica de la resultante de sus interacciones. El factor eléctrico de la comunicación intersináptica, mediado por los eventos que subyacen a la propagación del impulso nervioso, da como resultado la amplificación de la función nerviosa, y desde el punto de vista *hebbiano*, el hecho de que haya constante actividad sináptica facilitará el incremento de sus funciones, además de una gran maquinaria estocástica, traducida por la liberación continua de sustancias químicas de carácter neurotransmisor.

> .La comprensión de la integración de modelos neuronales ayuda a implementar formas de curación de neuro patologías

Lo interesante de estos planteamientos, basados en la preservación de las estirpes celulares tras fenómenos naturales como el envejecimiento neuronal o eventos funcionales, que conllevan por sí mismos a su destrucción somato-dendrítica -como la excitotoxicidad- , o a procesos isquémicos que preceden a una deprivación energética, es que por más que se den eventos de hiperactividad sináptica eficiente, aun la neurobiología parece estar en pañales para demostrar, con evidencias elegantes y contundentes, los fenómenos que condicionan operaciones sublimes del intelecto, y mientras tengan el carácter de subjetivo, seguirá la constante búsqueda por descifrar los inquebrantables enigmas que brinda la actividad sináptica especifica dependiente de las altas y encomiables subespecialidades neurales.

Empero, y no como acepciones reduccionistas, sino más bien en función de un orden común organizativo, la función neuronal por excelencia, en un nivel molecular y también obviamente en el estricto sentido de su presencia como unidad fundamental del SNC, se coloca estratégicamente en un marco referencial pragmático, que ayuda a contextualizar la obligatoriedad de comprender a grandes rasgos los conceptos de número, asociación y complejidad. En otras palabras, las estadísticas neurales son fundamentales para imaginarnos la inmensa probabilidad, no sólo de conexiones, sino también de modelos que pueden ser desarrollados. Según Masao Ito, uno de los investigadores vanguardistas en cerebelo, el número de células de esta estructura es igual a la del resto del Sistema Nervioso (10^{11}).

> En computación el mecanismo análogo del fortalecimiento sináptico de una red neuronal, se debe a una forma de retroalimentación algorítmica.

Estas cien mil millones de unidades neuronales tienen patrones muy interesantes de comportamiento. Pueden ser expectantes de la comunicación, permanecer «silentes», tener personalidad inhibitoria, evitando que se comuniquen dos células nerviosas con otra función aparente y, por supuesto, ser excitatorias. Dentro de una red igualmente pueden hallarse células destinadas a no dejar que se presenten umbrales despolarizantes o, en su defecto, modular la acción completa de un sistema, existiendo en contraposición mecanismos intrínsecos dentro de la mismos circuitos neurales, con unidades especializadas que se encargan de solventar las deficiencias temporales de actividad, muy probablemente dependientes de predisposiciones genéticas (Zambrano, 2012).

> Existen dentro de las redes neuronales modelos ecualizadores que uniforman la transferencia de la información.

35.3 DE LAS UNIDADES Y EL CARÁCTER COMPUTACIONAL: UNA APROXIMACIÓN HISTÓRICA

En la medida que se ha desarrollado el interés del individuo por conocer sus orígenes, el apremio de experimentar con los elementos circundantes es un factor común a cumplir. El hombre cuenta estrellas, pero también cuenta con magnitudes infinitesimales. La necesidad de conocer la dimensión del entorno lo hace un elemento curioso por naturaleza. Uno de los aspectos fundamentales de la instauración y comprobación de la hegemonía intelectual del vertebrado parlante es el cálculo, convirtiéndose en un paradigma divisional de los regímenes evolutivos de la escala filogenética. Para el individuo humano, contar u operar matemáticamente es fundamental para el ejercicio y el fortalecimiento de su actividad sináptica.

Aproximaciones Históricas

Esto es, una de las maneras de preservar la función intelectual es estar constantemente activo bajo el influjo de la portentosa ceremonia del cálculo mental.

Las pirámides de Egipto, los oníricos Jardines Colgantes de Babilonia y otras de las muchas expresiones arquitectónicas de la historia antigua, son ejemplos lógicos e irrefutables de que el hombre tiene la necesidad innata de calcular desde hace miles de años. Sin ir muy lejos, para la edificación de aquellos fue necesario el concurso de la física ondulatoria, el conocimiento de sistemas de tensión, operaciones tangenciales para medir la inclinación de una superficie piramidal, y funciones de alto orden visionario, que consisten en la capacidad de concebir una idea y finalizarla tras una construcción. Los escépticos podrían decir que el ejemplo de los jardines construidos por Semiramis, que pendían a lo largo de la majestuosa orbe Caldea, no es extrapolable a nuestros días y, por lo tanto, su existencia está sujeta a duda. En efecto, tienen la razón.

> El cálculo mental junto con la palabra articulada, demuestran el más alto grado de evolución fenotípica entre las especies.

Sin embargo, los pueblos Sumerios, Acadios y Babilonios, fueron los primeros en utilizar el ábaco. Los mayas tenían un observatorio astronómico en Chichen-Itzá y, como la mayoría de culturas avanzadas, tenían su propio calendario. Los incas, por su parte, contaban con el Quipu y, en Asia Menor, Al-Kååshi, un matemático originario de las riberas del Tigris y el Eufrates, construyó un modelo primitivo de calculadora que consistía en discos que rotaban sincrónicamente y que tal vez servía para inferir los movimientos estelares.

Así pues, podría pensarse entonces que en efecto, la capacidad de evaluar el cálculo mental, empezaría sin duda con los trabajos de implementadores hindúes en secuenciación prosódica y con el conocido *Chandrasutra* de Pingala y sus inferencias binarias hacia el 200 D.C (Van Nooten, 1993; Goonatilake, 1998). Casi un milenio después, Hamendras Gopala seguiría con exactitud, los lineamientos prosódicos de sílabas bajo el paradigma de Pingala, y trabajaría en forma independiente (al igual que Suri Acharya Hemachandra); la clásica secuenciación numérica, consistente en que la suma de los primeros dos dígitos, resulta en el tercer número de una sucesión determinada $(1,2,3,5,8,13,21...\infty)^2$; que más tarde, Europa difundiera vulgarmente, haciendo público el libro de *Liber Abaci* (Singh, 1985, Knuth, 2006-2011). Esto indica que tales secuenciaciones de orden mental, marcarían los primordios de la programación algorítmica computacional y el manejo del cálculo numérico, realizados por el individuo humano.

---

[2] El matemático hindú Gopala, trabajó explícitamente y con anterioridad, la secuencia sumatoria, $A_1+B_2=C_3$... que las cortes Europeas del emperador Federico II, difundieran en favor de los principios matemáticos enunciados en la obra *Liber Abaci*, de Fibonacci, 1202 (Singh, 1985, Knuth, 2006).

Un Euclides es inmortalizado por el maestro renacentista Rafaello Sanzio, *Rafael*, en su obra pictórica *"Scuola di Atene" (s. XV)*, en la que se le observa, al lado derecho del espectador, utilizando un compás ante un corrillo de alumnos, al mejor estilo del *peripatein* aristotélico. Por supuesto que, si a cálculos vamos en la historia del arte, podemos afirmar que dentro de la escuela naturalista, en el dibujo rupestre de la cueva de Altamira, ya se podía inferir que, parafraseando el título del inmortal ensayo de Malba Tahan, ¡el hombre ya calculaba!; pues lógico y posible es, que tuviera las cuentas de sus propiedades y seguramente de sus mujeres.

Los británicos refieren un gran avance durante el siglo XVII. Se trata de la primera regla de cálculo, que era utilizada por una comunidad de clérigos sajones entre los que se encontraba el reverendo William Oughtred.

Aquella podía manejar varias cifras y operar logaritmos recién propuestos por John Napier y Henry Briggs, antes de 1620. Las leyes de Kepler -y el proceso inquisitorial de Galileo- tuvieron que ver, por supuesto, con el nacimiento de los primeros sistemas de cálculo en serie. El polifacético y asceta monje Filippo Bruno *(Giordano),* fue el primero en inferir el sentido neto de las determinaciones probabilísticas, antes de 1590, al escribir «*Sobre la causa, el principio y el Uno*». Estos fueron los preceptos para que actualmente se manejen las acepciones de la computación digital (el ábaco y el quipú); el procesamiento analógico de las tarjetas (reglas de cálculo), y los eventos *random* o aleatorios de la computación dependientes del cálculo de probabilidades. El primer esbozo de calculadora digital fue provisto por los dedicados Godfred Wilhelm Leibnitz y Blas Pascal, a mediados del siglo XVII, con un modelo de rueda dentada que, además de contar, ayudaba a dividir y multiplicar, apenas un siglo después de las teorías mononuméricas de Giordano Bruno.

> En lenguaje computacional, los números más importantes son el cero y el uno.

35.3.1 APROXIMACIONES A LA OPERACIÓN COMPUTACIONAL

Sólo hasta el siglo XIX, y gracias a la invención de la máquina de vapor, se creó "la locura de Babbage", un diseño que necesitaba miles de engranes para su funcionamiento. El artefacto, que procesaba resultados polinomiales y potenciaciones al cuadrado y al cubo, y dividía emitiendo resultados de hasta seis decimales, semejaba una gran máquina diferencial, que realizaba, además, sesenta sumas por minuto. Este monstruo concebido hacia 1822 es el primer antecedente del uso de papel perforado, semejando las tarjetas de *Jackard*, que podía discernir los procesos condicionales "sí y no" que actualmente son el sustrato de la interacción binaria con el humano (Dubbey, 1978). La perfección de tales modificaciones a la máquina analítica y diferencial estuvo siempre resguardada por su ayudante, hija del poeta inglés Lord Byron, la condesa de Lovelace, Augusta Ada King (Ada Byron), a quien además se considera como la instauradora de los primitivos modelos de los actuales *software*, al programarla con la invención de la instrucción «*Go To*» (Baum J, 1986).

En 1854, George Boole publica un ensayo titulado «*An Investigation on the Laws of Thought*», que sugería visionariamente la forma como la mente podía concebir el cálculo mental continuo.

Un año después, los nórdicos Georg y Edvard Scheutz, haciendo gala del auge incipiente del capitalismo propio de su tiempo, comercializan en Estocolmo esta primera máquina analítica, adaptándola como una práctica computadora mecánica, basados en las ideas del sajón Charles Babbage y Lady Byron. Con el tiempo, la concepción mecánica para operar por medio de poleas mostraría por sí sola sus limitaciones (Cortada, 1990).

> El lenguaje binario de las computadoras podría equivaler en redes neuronales, a los estados excitatorios e inhibitorios de las células excitables.

Qué es un Modelo Neuronal

Fig 10.3 En la parte superior, la máquina de vapor de Babbage. A la derecha, las clásicas tarjetas de Jean Marie Jacquard y la nostálgica de tabulación de la IBM. En la parte inferior, participación de la mujer en la cibernética: la legendaria condesa de Lovelace, Lady Ada Byron y sus orgullosas sucesoras sosteniendo teclados, un siglo después.

Durante la segunda mitad de esa misma centuria hubo dos sucesos importantes. El primero, basado en «*The Mathematical Analysis of Logic*», que advertía la aparición del cero y el uno en un evento computacional, en el que el mismo George Boole consideró rescatar los fundamentos vanguardistas probabilísticos propuestos por Giordano Bruno antes de que fuera sometido a la hoguera, hacia el comienzo del año 1600.

Luego apareció la fusión del componente electromagnético a la computación, gracias al teutón Hermann Hollerith, ideando un aparato que tenía un tabulador a manera de contador, y cuatro láminas dispuestas verticalmente con capacidad para diez diales, que podían transformar centenas en unidades más pequeñas. Con ello se inició la tabulación eléctrica, que duraría casi una centuria procesando información mediante la tarjeta perforada.

> El hipertexto en computación, bien traduce el peso sináptico de la comunicación entre redes neuronales.

Hacia 1927, Vannebar Bush, conocido como el pionero del hipertexto -y cuyo lema *más velocidad y mucha flexibilidad,* hacía referencia a las propiedades maleables de la informática-, a la par de Harold Heizen, diseñaron una computadora analógica que contenía triodos, a la que llamaron analizador diferencial. Esta funcionaba con discos, motores y palancas, y tenía un peso de ¡más de cien mil kilos! No obstante, en ese mismo período, John Vincent Atanasoff, con apoyo del físico Clifford Edward Berry -su estudiante- ideó la primera computadora digital electrónica de operación automática, llamada ABC (Por Atanassoff, Clifford Berry), hecho que se puede constatar en la Facultad de Física de la Universidad de Iowa, con una placa que conmemora tan trascendental invento, datado en noviembre de 1939 (Cortada, 1990).

35.4 EL ADVENIMIENTO DE LA CIBERNÉTICA Y LA INTELIGENCIA ARTIFICIAL

Basados en la clave binaria de Boole, donde el "uno" traducía el evento y el "cero" la invalidación de cualquier acontecimiento, los pioneros en estas lides conjeturaron la posibilidad de ligarlo a los principios funcionales del triodo propuestos por Lee de Forrest en 1907. Finalmente, ésta fundamental estructura eléctrica cumplía igualmente con un patrón binario al permitir el paso de la corriente o bloqueándola, con un comportamiento similar al existente en el potencial de acción de las células excitables bajo el principio electrofisiológico del "todo o nada", el cimiento binario nada más y nada menos que de la Inteligencia Artificial (Mc Culloch & Pitts, 1943).

> Los modelos neuronales constituyen un sustrato fundamental para comprender los principios básicos de la inteligencia artificial.

Todo comenzó con la culminación de varias máquinas que se hicieron famosas, más por sus ideáticos nombres que por su eficiencia.

La mítica *Collosus*, concebida por Allan Turing, Thomas Flowers y Michael Newman, fue la primera en no tener componentes mecánicos como sus predecesoras; recibía sólo 5,000 datos por minuto, a través de tarjetas procesadas y con la alimentación de 1,800 bulbos. Por ser la precursora, aún no tenía memoria y, paradójicamente, fue empleada en inteligencia militar. La Mark-1, ideada para fines navales por Howard Aiken, casi al finalizar la Segunda Guerra Mundial, era una calculadora con más de 750 mil partes, controlada por secuencias automáticas a través de tarjetas similares a las utilizadas por Hollerith, y procesaba en promedio 24 códigos binarios, realizando operaciones como sumar y restar dos cantidades con más de 20 cifras en 300 mS, multiplicarlos en un tiempo doce veces mayor y dividirlos en 10 segundos.

> La sofisticación actual de la computación es una evidencia del paradigma funcional de las redes neuronales.

La titánica máquina ENIAC (por su siglas en inglés, *Equalizer Numeric Integrative Acquisition Computer)*, se puso a prueba por primera vez en la escuela Moore de la Universidad de Pensilvania hacia 1946, por sus ingenieros John Eckert y John W, Mauchly, resultando mil veces más rápida que la "inteligente" Mark –1. Su base funcional era el modelo de integración numérica, y fue la primera en emitir el familiar concepto "Archivo de sólo lectura", en el cual su memoria no puede ser modificada y únicamente sirve para leerse. Con sus 30 toneladas distribuidas en un cubo de 30m de largo, por 3m de ancho y 3m de alto, almacenaba alrededor de 18 mil bulbos, 70 mil resistencias y 6 mil interruptores, consumiendo 174 mil vatios y un sistema de aire acondicionado... ¡todo un departamento con calefacción central! El monstruo sumaba en 0.2 milisegundos (ms), para multiplicar se tardaba catorce veces más, y efectuaba las divisiones en 24 ms (Stern, 1981, Ceruzzi, 2012).

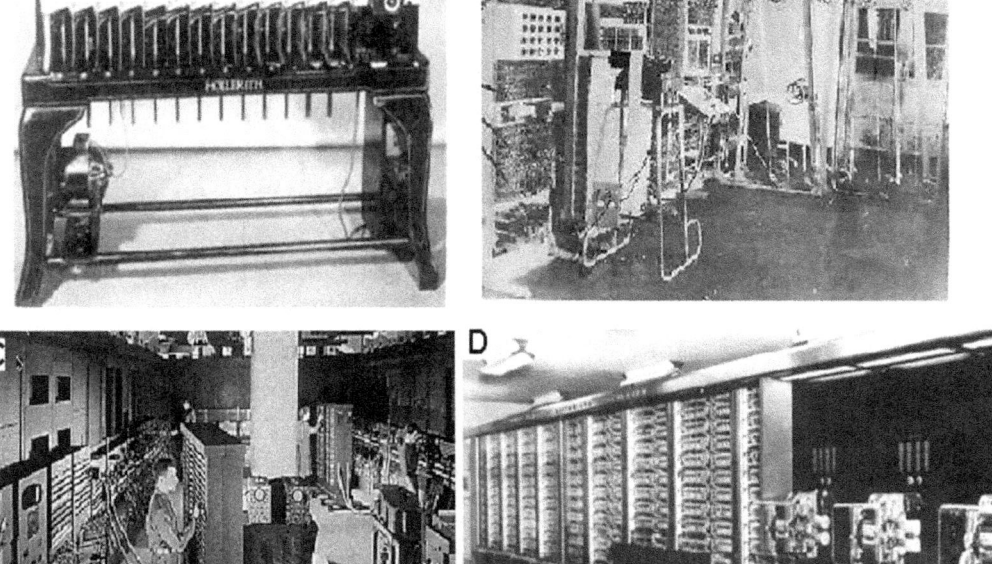

Fig 10.4 A. Máquina tabuladora de Hollerith. B. *Collosus*. C. ENIAC. D. Mark - 1. (Ver texto).

La adaptación de las originales propuestas de Boole y su interacción con los circuitos eléctricos dieron paso a la teoría de la información propuesta por Claude Shannon, que presupone la participación de leyes estadísticas en la computación así como su relación con los fenómenos aleatorios propios del procesamiento de este tipo de máquinas y de algunos comportamientos neurales. Este también es el vínculo de unión que permite el nacimiento de las primeras teorías cibernéticas, denominadas «autómatas», a partir de la unión de las concepciones de neurofisiología, funciones logarítmicas, ingeniería aplicada y la teleología, o consecución perspectiva del objetivo o meta, planteada por Arturo Rosenblueth, en colaboración con Norbert Wiener y Julian Bigelow, durante las proverbiales conferencias patrocinadas por la fundación Josiah Macy Jr, a mediados del siglo XX (Rosenblueth *et al*, 1943; Von Neumann, 1958). Los conceptos fundamentales de la fisiología como homeostasis, equilibrio y, en gran medida, los mecanismos de retroalimentación, son el núcleo de la mencionada teoría, difundida ampliamente a partir del resultado de la mezcla de ideas Shannon-Wiener (Wiener, 1948), y que conducen irremediablemente al principio primigenio de la robótica, basado en los incipientes modelos de control muscular.

> La similitud biológica de la función neuronal y sus disposiciones de comunicación, son ejemplo para crear modelos robóticos.

Basados en la descripción del Nobel Edgar Douglas Adrian sobre el principio de la *Ley del Todo o Nada* en células excitables (Adrian, 1932), los científicos extrapolaron ciertas funciones neuronales a un modelo computacional originalmente descrito por Warren McCulloch y Walter Pitts, quienes otorgaron tareas maquinales a las neuronas, llamándoles índice de frecuencia al patrón de disparo y particularidades anódicas a las funciones inhibitorias de ciertos componentes biológicos, cuyos desempeños fueron considerados básicos para formar redes neurales, sobre todo extractados de sistemas visuales y auditivos (Pitts & McCulloch, 1947).

> Las computadoras clásicas del siglo XX, marcan la pauta para comprender los códigos que fundamentan los primordios de la inteligencia artificial.

Siguiendo estos lineamientos se creó la primera computadora "inteligente" llamada EDVAC (Por sus siglas en inglés, *Electronic Discrete Variable Automatic Computer*) diseñada por el grupo liderado por John Von Neuman[3], quien estaba muy influido por los preceptos conexionistas y las diversas leyes de asociación que garantizan la primordial función neuronal, concibiendo a la *EDVAC* como un conjunto de unidades que, analógicamente, semejaban los primitivos bulbos cibernéticos.

El modelo EDVAC, finalizó con la computadora universal conocida como la automatizada UNIVAC, que tenía componentes transistorizados y ya podía procesar a 2.25 Mhtz y leer casi 7,200 datos por segundo, hasta llegar al modelo PDP 8 que, en 1965 ya contaba con circuitos integrados (Stern, 1981, Ceruzzi, 2012).

---

[3] John Von Neuman: First Draft of report on the EDVAC. *Philadelphia Moore School of Electrical Engineering. June 30, 1945.* University of Pennsylvania. Cit. in: Ceruzzi, 2012.

Fig 10.5 EDVAC (parte superior) y UNIVAC, son el testigo que las computadoras eran en su tiempo, verdaderas obras maestras.

La diferencia fundamental y verdaderamente trascendente para que entendamos, por qué las computadoras siempre serán más rápidas que el individuo animal, radica precisamente en eso... ¡En el componente biológico! Mientras que la transmisión electrónica de datos viaja en magnitudes subatómicas y, en ocasiones, a 300 mil km por segundo, el impulso nervioso se propaga a la nada despreciable velocidad de entre 100 y 130 m/seg (3 millones de veces más lento), además de poseer las constantes físicas explicadas previamente en la "Ultraneurona; el paradigma de la especificidad" (ver índice general de esta *summa neurobiológica*) todo ello sin contar los análisis y paradigmas computacionales que son observados en los retrasos sinápticos que se dan en algunos tipos de interacciones eléctricas de los *gap junctions*, o de las mismas sinapsis químicas (Zambrano, 2014 a).

> La Inteligencia artificial es proclive a los intereses evolutivos y tecnológicos de la investigación.

Esta soberana distancia y abismalmente dimensional, es lo que marca la velocidad de nuestros razonamientos y acciones y, en consecuencia, garantiza que la misma máquina termine dando pasos agigantados respecto de su creador y de los procesamientos específicos para los que es concebida.

Los términos de inteligencia artificial nacieron a partir de una famosa reunión que fue convocada por Claude Shannon y Marvin Minsky, entre otros, hacia 1956, y fueron presentados como "los pasos hacia la inteligencia artificial" en un elegante artículo donde el autor discute ampliamente la estructura heurística del ser humano (Minsky, 1961). Dentro de los seguidores de este concepto de procesamiento inteligente, Allan Turing propuso previamente que la «máquina» debe hacer, cuando menos, lo mismo que un humano, de tal manera que resulte difícil discriminar cuál de los dos realiza tal tarea (Turing, 1948, 1950).

35.4.1 INTELIGENCIA ARTIFICIAL Y LA CONTINGENCIA "GNR" [4]

Las operaciones inteligentes controladas por modelos computacionales son enfocadas actualmente a la solución de problemas que se apoyan en la eficacia operativa de «programas expertos», a la dinámica del razonamiento, que incluye el aprendizaje en máquinas y muy seguramente su actividad retroalimentadora. Igualmente, concibe a la comprensión del lenguaje, al análisis de los procesos neurales por medio de la ideación de modelos destinados a codificar funciones neuronales en un solo subsistema, y finalmente a la robótica, que es un elemento fundamental para entender en neuroepistemología, el problema del hombre-máquina y sus aproximaciones hacia los tres puntos fundamentales del avance tecnológico: la nanotecnología, la genética y por supuesto la robótica (Zambrano, 2012).

El pilar principal de tanta magnificencia – aplicando redes neurales a la tecnología, asociada incluso con mecanismos aleatorios y cuantales–, se relaciona con las matemáticas (Von Neumann, 1955). La comprensión del lenguaje cibernético en su interacción con la

> La neuro epistemología es una herramienta para dilucidar la operatividad conciencial de la máquina

---

[4] GNR: Del acrónimo en inglés, que identifica al triunvirato Genética, Nanotecnología y Robótica.

mente humana se puede ver en los diferentes sistemas operativos computacionales. El hombre es capaz de crear sus limitantes semánticas y, dentro de ese nivel de comunicación, Noam Chomsky, profesor de Lingüística del Instituto Tecnológico de Massachussets (M.I.T.), propone jerárquicos paradigmas (Chomsky, 1956, 1963) para entender la programación de computadoras y el lenguaje gramatical (CNF, *Chomsky Normal Form*) asociado a algoritmos (Sipser, 1997; Dos Reis, 2012).

Aunque se calcula que el cerebro es capaz de procesar mínimamente 10^{12} operaciones por segundo -debido a que, como sabemos, tiene 10^{11} neuronas-, la neurocomputación en la actualidad es incapaz de determinar el principio sustancial del cómo interactúan cada una de ellas y de qué dependen sus decisiones fundamentales de operatividad. En el caso de que esto se conociera experimentalmente, pronto estaríamos a las puertas de la ciencia-ficción donde la máquina crearía al hombre a su imagen y semejanza, atisbando sin duda el paradigma de la utopía robótica, en apoyo de la nanotecnología y la ingeniería genética, donde además, se espera resolver el test de Turing (Turing, 1950, Kurzweil, 2005).

> Qué pasa cuando nos enfrentamos a jugar contra un programa computacional de ajedrez?

El término de la definición, según Turing, es muy limitado debido a su carácter binario fundamental (definir quién es confiable entre X o Y), pero se ajusta muy bien, por ejemplo, al modelo de las memorables partidas de ajedrez en el duelo hombre-máquina, que se han realizado entre computadoras y jugadores experimentados como los campeones mundiales en esta disciplina. En la década del 90, el estimulante caso de este *match* sirvió para que se estudiaran las probabilidades de análisis computacional en el prototipo ajedrecístico (Newborn, 2000). Una máquina es capaz de procesar entre cien mil y hasta más de cien millones de posiciones por segundo y su competencia con el pensamiento humano, bien entrenado, fue comprobada durante el mencionado encuentro histórico. De ese evento a la fecha se espera que la probabilística de análisis de la máquina llegue, e incluso sobrepase, los 10^9, o sea más de mil millones de jugadas por segundo (Hsu FH, 1990). Un cálculo algorítmico más avezado permite inferir que si hoy las computadoras domésticas de uso promedio procesan a 4.8 a 6 gigahertz (tan sólo hacia el año 2000, *IBM* e *Intel*, los principales grupos de desarrollo computacional comercial, promocionaban como gran progreso microprocesadores de hasta un *gigahertz*); en las próximas décadas alcanzarán fácilmente la posibilidad de tomar 10^{21} decisiones por segundo, lo que quiere decir que cada ordenador podría procesar una jugada por yoctosegundo (1×10^{-21} segundos).

> La nanotecnología, genética y robótica son disciplinas que apoyan la evolución de las redes neuronales.

La conclusión matemática para abordar la solución del test de Turing en palabras sencillas —aunque relativamente complejas en *bits* computacionales y nociones de la IIT (Tononi & Sporns, 2003 & Tononi, 2012) —, parte del principio algorítmico en el que un 33.3% de un sistema computacional, siempre tiene errores. La complejidad relativa de este test, logrando la probabilidad de alcanzar una eficiencia óptima, será resuelta (superada exponencialmente) gracias al potencial evolutivo de la sinergia GNR (Genética, Nanotecnología y Robótica), cuando se genere la primera máquina pluripotencial[5] dotada de inteligencia artificial (I.A) y capaz de exhibir cualidades mentales. Esto quiere decir, que bajo una extrapolación rigurosamente científica hecha por expertos en la materia, la solución de este test, sucederá finalizando la década del 2020 (Kurzweil, 2005).

> La tecnología sinérgica GNR, ayudaría potencialmente a resolver el test de Turing.

La nanotecnología, como su nombre lo indica, comprende el desarrollo de aparatos y dispositivos en nanoescalas o escalas atómicas ultraestructurales (1×10^{-9} unidades). Puede ser aplicada en nanómetros para medir subunidades proteicas, nanopartículas o

---

[5] Del inglés, *A.I, Strong Machine*. Máquina competente dotada de inteligencia artificial. Término introducido por John Searle en su famoso argumento "Chinese Room" (Searle, 1980). Esta máquina con I.A, en el sentido amplio, traduce la capacidad de las máquinas para pensar e integrar cualidades mentales.

componentes intracelulares, como las acuaporinas, sinapsis eléctricas, etc. Algunos códigos computacionales son procesados en nanosegundos como computadores moleculares similares a las máquinas de Feynman (Feynman, 1961), o a los clásicos replicadores-autómata (Von Neuman, 1966), que sirvieron como principio a la nanomicroscopía útil para visualizar superficies atómicas, (STM, por sus siglas en inglés *Scanning Tunneling Microscopy*) (Binnig et al, 1982).

> Con la ingeniería genética, los científicos modifican el entorno funcional de las redes neuronales.

En biotecnología, la ingeniería genética también es parte de este triunvirato GNR. La nanotecnología ADN está íntimamente ligada a la computarización del ADN (Seeman, 2007), implementando autoensambles algorítmicos, reparando estructuras sub-ADN, complejos helicoidales y modificando bases nitrogenadas que estructuran los ácidos nucleicos (Seeman, 2004), recordando los principios autopoiéticos (Maturana & Varela, 1980) de autoreparación y autoconstrucción esenciales para entender la replicación de ADN que igualmente pueden ser adaptados a modelos computacionales tipo Máquina de Turing. Esto podría permitir que los microarreglos de ADN para implementar el modelo autómata-celular de Von Neuman, generen un tipo de iteración continua bajo conductas estereotípicas fractales, observadas en el famoso triángulo de Sierpinsky (Rothemund et al, 2004; Barish et al, 2009). Aquí emerge la oportuna adaptación de la fórmula de la Teoría de la Epistemología Neuronal (TEN) dentro de la Neuroepistemología, basada en el carácter fractal, conexionista y de retropropagación del *Inn*, patrón fractal coincidente, (♀)[6]; que puede ser óptimamente incorporado dentro del ensamble de microarreglos ADN —resolviendo en forma algorítmica, termodinámica y espaciotemporal— los problemas nanodinámicos de la maquinaria biotecnológica y computacional que genera trabajar con nanomoléculas como el ADN (Zambrano, 2012).

Así pues, las aplicaciones de redes neuronales al concepto de inteligencia cibernética, están cada vez más sujetas a la difusión comercial propia de los sistemas económicos actuales (Rajguru, 2013, Jang et al, 2014). En la Universidad de California, el grupo de Reggie Edgerton se preocupa actualmente por utilizar modelos robóticos para enseñar a la médula espinal a caminar, tras una fuerte lesión medular (De León *et al*, 2002). Las prótesis biónicas en implantes quirúrgicos de alta especialidad para reemplazar miembros o articulaciones superiores o inferiores en neurotrauma, los hipersensibles dispositivos que activan

---

[6] El Patrón Fractal Coincidente, identificado como (*Inn*), es la unidad operativa de la ecuación de la TEN, que sirve para identificar los procesos mínimos de interacción entre la comunicación neuronal.

constantemente el nodo sinoauricular en patologías de conducción cardíaca, los mecanismos de sincronización de las válvulas utilizadas en las derivaciones ventrículo-peritoneales que responden a diferentes grados de presión en la hidrocefalia, y las prótesis auditivas, son algunas de las muchas aplicaciones en ciencias de la salud. Son manifestaciones de la inmersión del «autómata» en su proceso de transculturización biorrobótica las operaciones bancarias y crediticias, tarjetas telefónicas con chips integrado, elevadores de función colectiva en grandes edificios -que sólo se detienen pautadamente en los pisos requeridos por el usuario y no en forma arbitraria, como anteriormente se hacía-; la llamada *high-tech* militar, cuyo gran despliegue -con aviones robotizados no tripulados- atestiguamos en cada conflicto bélico; la astronáutica, queriendo salir del Sistema Solar; la monitorización vehicular de grandes metrópolis; microcomputadores de bolsillo con función telefónica celular integrada, que procesan con la misma o mayor velocidad promedio que las livianas *lap-top*, novedosas a finales del siglo XX. Igualmente, en el hogar, un sinnúmero de artefactos simplifica cada vez más las labores domésticas y contribuyen en el proceso de enseñanza-aprendizaje estudiantil, sin contar por supuesto con las ventajas de la nanotecnología en medicina y dispositivos biológicos adaptados al ser humano (Rajguru,

> El desarrollo GNR, modifica la sociedad a cada momento.

2013, Jang et al, 2014), así como vacunas y terapia de cáncer, o aplicaciones en biología molecular, células madre y respuesta inmune (Zeng et al, 2012).

35.4.2 CIBERNÉTICA Y SOCIEDAD: NATURALIZANDO LA COMPUTACIÓN

La necesidad del hombre de transmitir sus percepciones siempre estará basada en el requisito inmediato de comprender sus necesidades primarias. Este es un principio de interacción robótica a largo plazo. Ya está demostrado que existen seres robotizados con cámara óptica que digitalizan sensaciones perceptivas de color, articulan mensajes operados desde chips programados y que incluso los expertos se esfuerzan por perfeccionar los movimientos articulados finos para que se parezcan cada vez más a la función humana. El problema de la percepción artificial sólo es actualmente predecible por el autómata humano, mientras que, para que se dé esa situación en la robótica, se requiere de chips especializados que procesen impulsos acústicos (una computadora lo hace en los programas de dictado) y el hombre lo percibe a través de su vía visual. La sensación olfatoria de las máquinas es un reto a mediano plazo, pero hoy podemos decir que la primera interacción hombre-máquina que existió fue táctil, por medio de comandos mecánicos, que por supuesto pueden responder a decibeles, lo que habla bien de la perspectiva de la ingeniería robótica del

> A la Neuro epistemología aplicada le preocupan ontológicamente estos cuestionamientos: ¿las máquinas pueden percibir emociones? Y si las procesan, entonces ¿tendrían conciencia?

tercer milenio. No obstante, la función de estos elementos creados por el hombre sólo pueden activarse por lapsos, y es todavía la mente humana la que les da los comandos de acción. Es cierto que se pueden activar por sonidos de puertas, y hasta por temperatura, como en el caso de las máquinas contra incendio; sin embargo, requieren de un programa previo de funcionamiento. Hay puertas de seguridad que se activan "viendo" (escaneando) imágenes del iris, lo que podría interpretarse como que, en efecto, existe la percepción sensorial en máquinas. Con todo ello, la ciencia se encuentra relativamente distanciada de conseguir organizar todas estas ventajas en un sistema con promedio de 60 kilos y 1.70 m de estatura, que además, tenga la ventaja de crear otras máquinas por iniciativa propia. Lo fundamental, en el aspecto de la interacción robótica, es la optimización de los procesos de retroalimentación; esto es, la sumatoria de programas y subprogramas a la usanza del graduado potencial sináptico, que garanticen la consolidación del principio de la neurona *hebbiana*, teniendo su mejor ejemplo en los procesos de aprendizaje mutuos.

> La evolución tecnológica de las redes neuronales, requiere de principios Hebbianos de retro alimentación

La trascendencia sustancial de la inteligencia cibernética y su aplicación a la diversidad de modelos de redes neurales se desarrollan de manera más explícita, con base en las teorías conexionistas que son fundamentadas en la TEN (Zambrano, 2012). Uno de los aspectos que ocupa actualmente a los investigadores en este campo es delimitar estrictamente las ideas que marcan las diferencias entre lo natural y lo artificial.

Las ideas de la computación natural se clasifican en cinco áreas que la componen.

1. Conveniencia del sistema
2. Programas a desarrollar
3. Datos a procesar
4. Dinámica objetiva
5. Optimización total

> Los programas de computación buscan por antonomasia el máximo de eficiencia en sus sistemas.

Estas especificaciones anteriores conforman, en síntesis, los «conceptos nucleares» de los teoremas computacionales naturales (Ballard, 1997).

El diagnóstico oportuno de un sistema es el garante de su eficiencia. El cerebro permanece siempre en constante funcionamiento, bajo la revisión sistémica de sus estructuras y comportamientos. Para que este sistema en conjunto opere idealmente, debe basarse en un principio que mida las reacciones específicas de cada microsistema y las probabilidades de variación de sus comportamientos, conocido como patrón de descripción mínima, que garantiza el equilibrio del sistema y, por lo tanto, su conveniencia operativa.

Los programas son ese concepto fundamental que el cerebro se presta a procesar de manera analógica a un sistema computacional, con el objetivo de resolver problemas planteados, lo que ocasiona un sistema de desarrollo propio que ayuda a entender el sustrato interno de tales programas. Éstos se presentan a través de datos que forman parte de las cualidades sensoriales y motoras, el componente de mayor concurrencia a ser procesado por las unidades cerebrales que siguen una dinámica objetiva, pudiendo ser vectoriales para alcanzar finalmente la optimización ideal; o regidas por análisis bayesianos u otras determinaciones probabilísticas que son comunes en poblaciones neuronales y en el mapeo computacional de tareas multisensoriales (Pouget *et al*, 2002; Salinas, 2006, Goebel & van Atteveldt, 2009; Bordier et al, 2013).

En esta fase final, los problemas suelen ser resueltos por dos vías: Un método clásico de cálculo y otro que obedece a una programación dinámica que permite la optimización de las ecuaciones para ser resueltas total y directamente (Ballard, 1997). De esta manera el procesamiento heurístico computacional cada vez se acerca más a concebir las formas neuroepistémicas que pudiesen ayudar a resolver los problemas neuro-ontológicos que plantea el 'dilema del hombre-máquina', en el que se concibe la coyuntura por la cual las unidades computacionales pudiesen naturalizarse, y además, concebir la posibilidad de que tales máquinas ostentaran cualidades concienciales (Zambrano, 2012).

> La transferencia de la información en redes, se apoya en el análisis funcional de las neuronas y su interacción en diferentes columnas.

BOX 10.1

LOS CÓDIGOS OCULTOS EN LA TRANSFERENCIA DE INFORMACIÓN.

La operatividad computacional frente a sistemas alternos, que básicamente pueden estar originados conceptualmente en la copia del modelo biológico de las columnas y los módulos del procesamiento paralelo del sistema nervioso, han dado muchas ventajas en el campo cibernético, en el que los conceptos de transferencia de datos adquieren un margen de error. En este caso surge la pregunta:

¿ Cómo se establece un algoritmo de operación criptográfica entre neuronas ?

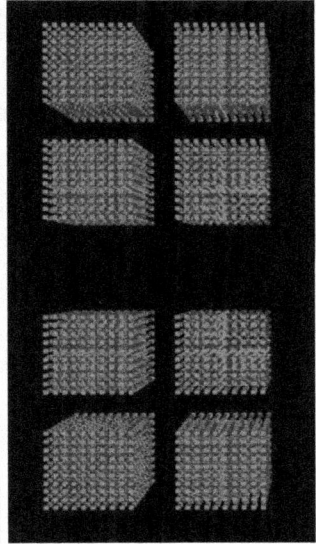

Un programa operacional que guarde relación con la información oculta es frecuentemente encriptado. Un archivo encriptado es una forma oculta de información. La operación entre células nerviosas parece tener una relación en ocasiones criptográfica, pues no siempre pueden recuperarse los archivos operativos en el momento en que se requieren.

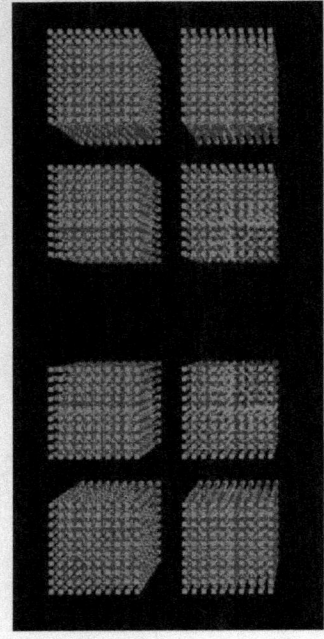
Normalmente la información viaja en paquetes cuánticos (cuantos o *quanta*), que son liberados como neurotransmisores. Cada paquete cuántico puede liberar hasta cinco mil neurotransmisores. En inteligencia artificial, un *bit* es una unidad de información, y cuando ésta surge dentro de los entornos cuánticos, recibe el nombre de *Q-bits* (Singh, 1999).

Seguramente un algoritmo operacional en una red de inteligencia artificial se llevaría a cabo en *Q-bits*, que manejan cierto tipo de información binaria, y se esconderían en paquetes, que sólo serían abiertos en forma estocástica y enviados dentro de claves que la mecánica cuántica mantiene bajo la mayor reserva (Walborn *et al*, 2004).

En términos de redes neuronales, y en modelos de memoria, la información binaria encriptada en *"clusters"* o paquetes cuánticos puede ser aleatoriamente recuperada desde archivos mnésicos. Esto explica por qué en ciertos estados de hipoxia neuronal crónica, como en el síndrome orgánico cerebral, en la atrofia cortical, o en estados típicos de envejecimiento neuronal, la memoria a largo plazo es altamente selectiva; mientras que la consolidación de la memoria reciente (principalmente para la recuperación de eventos memorables) es muy pobre.

Desde la perspectiva de la computación y las analogías biológicas, los datos almacenados en paquetes cuánticos pueden ser modificados por la acción de una interneurona inhibitoria; de esta forma, el mensaje puede guardarse en un curso temporal indefinido y luego ser liberado, a manera de información binaria; en otras palabras, para continuar con la actividad inhibitoria o de modo excitatorio. Con tal propósito, requiere obviamente de códigos que son necesarios para su reinserción o participación en una nueva red. Otra analogía que es interesante considerar es la que puede darse en el complejo receptor NMDA-*Glutamato*, pues se sabe que es muy importante para los mecanismos de archivo, consolidación y recuperación de la memoria.

Este sería, por antonomasia, un mecanismo que se antoja probable para establecer sugerencias teóricas ideales de algoritmia criptográfica entre células nerviosas. Desde esa óptica, este aminoácido excitatorio -y su receptor- pueden verse también como un modelo precursor ejemplar de la criptografía cuántica.

Por hoy, la secrecía *im quantum*, parece ser una de las armas más interesantes para salvaguardar la transferencia de datos de alto valor confidencial, utilizada por sistemas de seguridad nacional de las grandes potencias, compañías especializadas en intercepción de mensajes como la red *Echelon*, o por redes de transmisión de satélites artificiales, en donde se previene la apertura de archivos encriptados con la activación de programas producidos por espionaje cibernético a través de la fibra óptica, utilizando el recurso veloz de la interacción fotónica. En la actualidad, las empresas dedicadas a este tipo de actividades, enfilan sus baterías hacia la búsqueda de formas que eviten el desvío de los detectores fotónicos de sus terminales, que al ser interceptadas envían la información a través de otras fibras ópticas, con el fin de que sean recuperadas por sistemas criptográficos controlados en *Q-bits* de fácil liberación por códigos previamente determinados (Stix, 2005).

MODULO 36

EL MODELO NEURONAL DEL PROCESAMIENTO MATEMÁTICO

36.1 ¿SABEN LOS ANIMALES CONTAR?

En el módulo 35 de este libro, se describió, de forma sutil, la manera como la evolución del pensamiento humano permitió el procesamiento de actividades intelectuales de alto orden como el cálculo. La escala evolutiva tardó millones de años en otorgar a la humanidad la virtud de hacer operaciones matemáticas, mientras que en el campo cibernético, eminentemente de orden electrónico, el avance hacia lo que actualmente conocemos en computación sólo tardó relativamente menos de una centuria; de las monstruosas y pesadas máquinas de mediados del siglo pasado, hasta los actuales microprocesadores que funcionan inalámbricamente con velocidades miles de veces superiores, codificando información en *terabytes*. Esta diferencia es la misma respecto de lo que se conoce sobre cómo calcula el cerebro. De qué medios se vale para organizar la diferencia de las operaciones simples; cómo suma y resta, y cómo discrimina el orden semántico del valor de los números y, simultáneamente, da a éstos una magnitud cuantitativa.

> Una alteración neurológica en corteza parietal, modifica las capacidades de cálculo.

Un modelo neuronal eficiente se basa en la interacción sincronizada de sus señales, cuyo fundamento surge de la teoría, pero que tiene como propósito demostrar que sus componentes procesan e integran la información final lo más fidedignamente posible (Bota *et al*, 2007). En el caso del cálculo numérico, el procesamiento tiene dos vías principales de acceso, distribuidas en ambos hemisferios, específicamente en la corteza parietal inferior; mientras que el procesamiento semántico del número se lleva a cabo bajo la cooperación de células especializadas de la red intraparietal (Zylberberg et al, 2010) y bajo la integración jerárquica y analítico-comparativa de CPF (Anderson et al, 2011). El daño en alguna de estas áreas producirá el desconocimiento y la inhabilidad de procesar datos numéricos (Dehaene, 2000; Pesenti *et al*, 2000).

> Algunos animales reconocen el concepto de cantidad, más que re-conocer el carácter nominal del valor numérico.

¿Saben los animales contar? Experimentos que competen a la neurociencia cognitiva son el principal medio de aproximación a este sorprendente tema. Ciertos aspectos de la neurobiología comparativa hacen inferir que, en particular delfines, monos, palomas y roedores, también están biológicamente determinados para manifestar atención ante pocos objetos, como si tuvieran la categorización específica de saber lo que cuentan o, lo que es lo mismo, cerebros menos evolucionados manejan el concepto cuantitativo de las cosas (Dehaene-Lambertz *et al*, 1998), pese a que estos estudios, también se han implementado para diferenciar cualidades de cálculo incluso entre gemelos (Pinel & Dehaene, 2013).

Los premios Nobel 1973 en etología Nikolaas Tinbergen, Karl Von Frisch y Konrad Lorenz, demuestran en sus teorías que, en efecto, sugiere esa categoría el concepto comunitario de las aves, o de otras especies.

El animal en general y en particular los primates no humanos, pueden discriminar el concepto de cantidad, e incluso tener conflicto en el intento de contar (Stevens et al, 2007). Es indudable que las aves de corto vuelo no saben cuántos pollitos la siguen, y lo que llama poderosamente la atención es la velocidad de selección que tienen palomas y otros animales de estas especies para marcar su territorio cuando se les riega comida, por ejemplo en el parque. Gran parte de los felinos salvajes y algunos cánidos como los lobos, tienden a cazar en manada, como factor inequívoco de sobrevivencia. Cuando un pequeño grupo de estos animales cree estar en desigualdad numérica, por mínima que sea, tiende a planear y modificar sus estrategias de ataque. Marcan su territorio, rodean la presa o simplemente postponen el ataque cuando "calculan" sus fuerzas y las de su oponente. Los tiburones y demás animales de caza tienen actividades neurales expectantes que garantizan una escala superior evolutiva en las magnitudes analógicas del concepto de número, siendo esta cuestión, un elemento a plantear en las teorías de la epistemología neuronal que se discuten en la parte V de esta colección.

> El concepto de cantidad en el procesamiento numérico, se convierte en un mecanismo de defensa evolutivo para la preservación de algunas especies.

35.2 CÁLCULO MENTAL Y EVOLUCION NEURONAL

En el caso del desarrollo de la inteligencia humana, el infante preverbal tiene también una notable actividad neuronal para desempeñar sus aptitudes concernientes a la percepción de las cantidades (Gallistel & Gelman, 1992; Gebuis et al, 2009). Arnold Gessell, en sus obras sobre las cuatro áreas de desarrollo del niño, propone como meta que, a la edad de 9 meses, el infante pueda superponer cubos, más como parte de su evolución psicomotora que por algún otro aspecto (Coldren & Colombo, 1994; Hide & Spelke, 2011; Homae et al, 2011). En un contexto neurocognitivo, estas habilidades conductuales hacen pensar que la estructuración cortical funcional del lóbulo parietal inferior antes del primer año, permite al lactante tener la capacidad selectiva para saber cuál objeto le falta, amén de otras interacciones corticales que se van fortaleciendo para complementar actividades más complejas del cálculo numérico.

> ¿Existe un "centro del cálculo" en el cerebro?

Antiguamente se creía que existía el centro del cálculo. En términos frenológicos, Johann Spurzheim y Franz Gall lo habían considerado entre las funciones obligatorias que pensaban eran importantes para comprender la función mental. Dichos pioneros creían, hace dos siglos, que tal función se encontraba arriba de la ceja, a la altura de la sien, y por debajo de las funciones que llamaban constructividad y adquisición. Pues bien, estos frenólogos no estaban tan equivocados, ya que dichas áreas se encuentran relativamente cerca de las regiones que hoy se sabe son fundamentales para este tipo de procesamiento (Zambrano,

2014, b). Cien años después, el pionero en investigaciones sobre los déficit relacionados con el cálculo, tras lesiones en varias áreas del cerebro, predijo con cierto grado de certeza la trascendencia de las áreas parietales inferiores en este tipo de función mental (Henschen, 1919). Con el tiempo, los grupos de estudio fueron marcando sus preferencias, de acuerdo con la participación, tanto del hemisferio izquierdo (Jackson & Warrington, 1986; Gertsmann, 1930), como de su porción contralateral (Dahmen *et al*, 1982), y de la porción frontal (Henschen, 1919; Luria, 1977; Weddell & Davidoff, 1991; Anderson et al, 2011).

> La interacción hemisférica influye en el cálculo mental

Según reportes científicos, principalmente en pacientes con alteraciones callosas posteriores, o trastornos neurológicos asociados, se ha llegado a la conclusión que la capacidad que tiene el vertebrado parlante para manejar información numérica en ambos hemisferios presenta dos caracteres sustanciales. El primero obedece a procesos nominales independientes de la acción operativa aritmética y probablemente puede relacionarse con la lateralización del habla, traduciéndose en que una parte de un hemisferio puede reconocer datos y procesarlos, mientras que el otro es incapaz de hacerlo. La segunda acepción tiene una connotación funcional bastante significativa, puesto que los números cumplen una localización primitiva topográfica de almacenamiento en el hemisferio izquierdo.

> La acalculia, es la incapacidad total para realizar operaciones numéricas. Una lesión traumática en la corteza parietal superior puede ocasionar tal impedimento.

En el momento en que son presentados en el hemisferio derecho, el paciente tiene problemas para cumplir el cometido de las operaciones matemáticas simples, siendo incapaz de multiplicar por dos y por tres, sumar o restar de diez en diez. Igualmente, se llegó a la conclusión de que el hombre, al predecir que está fallando en operaciones simples, infiere o trata de aproximarse al resultado definitivo. Así, por ejemplo, éstas son tareas de alta especificidad neural, y el individuo puede pensar que 2 + 2 puede ser 4, o quizá 5, pero nunca, 2 + 2 = 7 o 9 (Cohen & Dehaene, 1996; Rosenberg-Lee et al, 2009) lo que obedece principalmente a predeterminaciones genéticas y refuerzos ambiento-conductuales. (Pinel & Dehahene, 2013).

El cerebro humano puede producir, leer, escribir y hasta copiar determinado número, viéndolo u oyéndolo, lo que garantiza el procesamiento semántico y simbólico del número, convirtiendo los números en letras y viceversa. Cuando hay alteraciones, podrá confundir la cualidad visual del símbolo; un ejemplo muy común es la confusión del número 2 con el 5, o del 4 con el 9. Existe en este aspecto el caso específico de una mujer con dificultades para discriminar semánticamente el 5 del 7, así como el 29 del 49. Lo interesante del caso es que las funciones operativas elementales eran respetadas, al igual que las unidades numéricas mayores, como las decenas entre 10 y 90 (Mc Closkey *et al*, 1986).

Lo anterior explica los grados de modularidad y especialización de las células inmersas en un mismo sistema. Sin embargo, parece claro que el procesamiento semántico del número requiere de otras cargas genéticas que difieren de las del procesamiento aritmético (Pinel & Dehaene, 2013). De esta manera, pudiese ser inferido un mecanismo precentral (frontoparietal) como el de las redes neuronales que operan mecanismos de copia, acción-reconocimiento, que hasta ahora ha sido tímidamente descrito (Rossi et al, 2002) para estudiar exclusivamente cálculo mental y conceptos de cantidad. Este proceso, estaría mediado por las neuronas espejo influyesen al menos en la implementación de los mecanismos de copia, referente al concepto de cantidad (y no a la enumeración y secuenciación nominal, pero si conceptual), como mecanismos de alto orden ejecutivo (Zambrano, 2012).

> El papel de las neuronas espejo, al reconocer algunas acciones a copiar en la habituación del cálculo de "cantidad", es un tema actualmente muy controversial.

En el contexto visual, la agrafia severa y la alexia de los números han sido reportadas en pacientes que sufren otro tipo de trastorno, y que ocupan redes neurales diferentes para su ejecución, pese a que han preservado el cálculo mental y resultan incapaces de escribir números arábigos en el momento en que se les dicta (Anderson & Damasio, 1990).

> El síndrome de Gertsman es un didáctico ejemplo para entender las diferencias entre cálculo mental y concepto de cantidad.

Se ha propuesto que la acalculia no es privativa solamente del síndrome de *Gertsmann*, con daño severo en el lóbulo parietal inferior, puesto que en esa entidad neuropatológica también se encuentra la agnosia para contar con los dedos, la agrafia y alexia de los números (Gertsmann, 1940). Las lesiones que causan la acalculia en el síndrome de *Gertsmann* están más orientadas al *sulcus* intraparietal, cerca del área 39 de *Brodmann*. El problema parece circunscribirse a la fenomenología abstracta del número, pues los pacientes con este padecimiento pueden reconocer los formatos numéricos, pero no pueden realizar operaciones concretas, a pesar de que se les mencione o muestre la operación 2+1. Asimismo, existen casos en que pudiendo realizar operaciones aritméticas, no cuantifican el resultado. El Caso de M.A.R prueba el desconocimiento de que 3 es menor que 4, o la imposibilidad de imaginar los múltiplos de dos para seguir una secuencia, dando por hecho que también es causa de daño en corteza parietal inferior (Dehaene & Cohen, 1997).

Basado en las modalidades antes enunciadas de acalculia y en los procesos propios del procesamiento numérico, una representación tentativa de los circuitos neuronales implicados en esta categorización de función de alto comando cerebral es la propuesta por el grupo de Stanislas Dehaene y Laurent Cohen, del Servicio Hospitalario *Frédéric Joliot* del INSERM, en Orsay,

Qué es un Modelo Neuronal

considerados por la comunidad científica como líderes en este campo. Se trata del denominado "modelo del triple código", por tener tres unidades fundamentales a codificar (Dehaene, 2000).

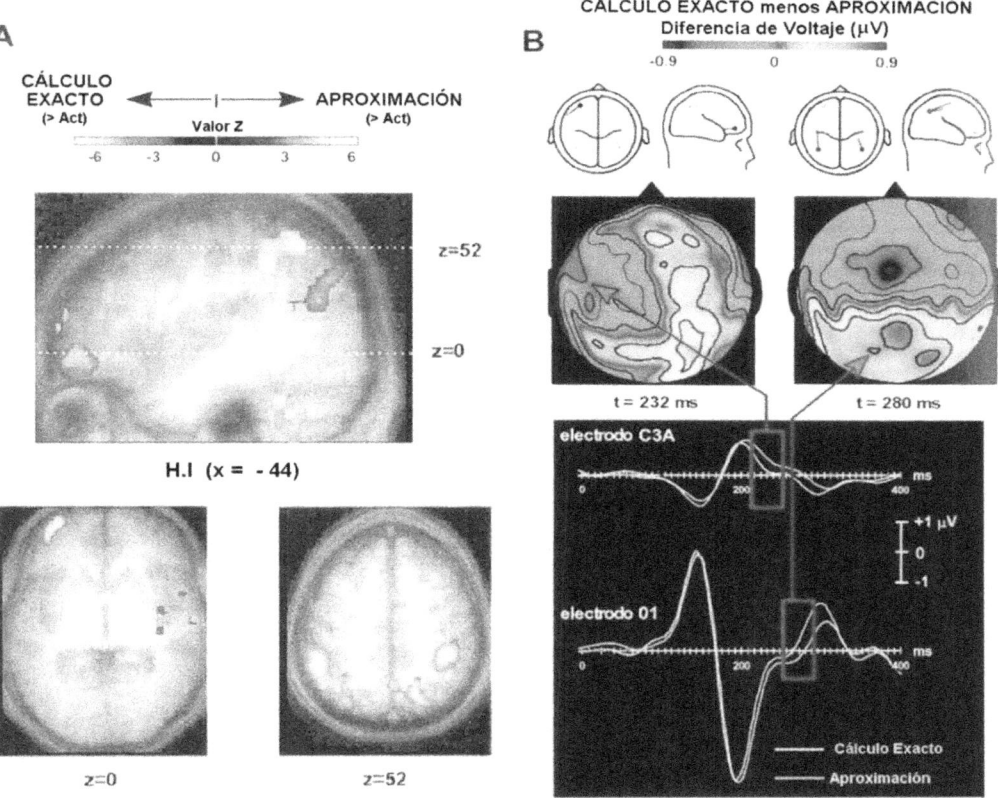

Fig. 10.6. **Disociación entre cálculo exacto y aproximado.** A)Estudio de RMNf mostrando áreas cerebrales con mayor grado de activación (> Act), entre cálculo exacto y aproximado (rojo-amarillo, tono de grises). La actividad mayormente significativa para la aproximación numérica se aprecia en lóbulo parietal inferior, también hay en cerebelo y en corteza prefrontal deorsolateral. El cálculo exacto se observa en corteza prefrontal inferior y un pequeño foco en giro angular del hemisferio izquierdo (HI). B) Potenciales Relacionados a Eventos fueron evidenciados en dos tiempos diferentes entre 216 y 248 ms en electrodo C3A y entre 256 y 280 ms en electrodo 01 ($P<0.05$), cuyas flechas se traducen en el mapeo cerebral. El electrodo C3A indica el cálculo exacto y el 01 cálculo aproximado. (Modificado de Dehaene, 1999).

El Procesamiento Numérico

Inicialmente, este 'Triple Código' fue desarrollado como un modelo eminentemente cognitivo, y descansa en tres hipótesis fundamentales.

> En el procesamiento numérico, el cerebro empieza por discriminar el concepto abstracto de cantidad con esquemas de comparación. (más qué, menos que, etc)

1. La información numérica puede estar manipulada en tres formatos. La representación analógica de las cantidades, en el cual los números están representados convencionalmente. La representación mental del formato verbal, donde sólo se repite determinado número y su representación visual es independiente de su significado cuantitativo.

2. Los procesos de transcodificación de los datos, o la capacidad de convertir un número en letra y viceversa (nueve en 9).

3. Cada procesamiento numérico tiene códigos de salida y entrada. En este caso se postula que las tablas de multiplicar son simples asociaciones de memorización verbal, al igual que la acción de contar. Así, por ejemplo, las operaciones matemáticas no son memorizadas. Las operaciones que incluyen la combinación simultánea de dos o más cifras dependen del código visual arábigo (Dehaene, 2000).

Para la codificación del formato visual, se especula que son las áreas inferiores occipito-temporales de ambos hemisferios las que se involucran y dan forma al número, mientras que las áreas perisilvianas internas estarían vinculadas con la función semántica y repetitiva del número, mayormente las mencionadas regiones inferoparietales bihemisféricas.

Las pruebas que asocian las tareas complejas de cálculo con la vía visual cortical occipital fueron evidenciadas mediante Tomografía por Emisión de Positrones, con extensión al giro precentral y el área motora suplementaria, solamente cuando se le pedía a los sujetos en experimentación que realizaran multiplicaciones (Dehaene *et al*, 1996). Lo anterior sugiere que no sólo están implicadas áreas corticales parietales, sino también frontales, tal y como lo infirieron los frenólogos clásicos antes de 1820.

> Varios niveles de actividad cortical son necesarios para decodificar el procesamiento del cálculo numérico.

El modelo de los tres formatos que codifican el cálculo numérico en el cerebro humano ha sido estudiado por medio de imagenología, con el fin de corroborar las tesis planteadas respecto de sus áreas preponderantes: verbal, visual y analógica. Las confirmaciones experimentales en cada una de ellas, y fundamentalmente en la visión, demuestran que hay gran participación de fenómenos agregados de atención visuo-espacial que implican otros correlatos

> Para evaluar las magnitudes numéricas, el cerebro realiza diversos mecanismos que decodifican códigos entre neuronas especializadas

neuroanatómicos, como los que subyacen a los movimientos oculares sacádicos para localizar el número o relacionarlo con archivos de memoria dependientes de la conocida vía visuo-espacial dorsal, que involucra las áreas occipito-parietales procesando los datos de los objetos del entorno (Ungerleider & Haxby, 1994). En esa misma vía, el procesamiento numérico fue observado en zonas de activación correspondientes a la ínsula anterior derecha como el probable nexo para comprender la identificación del carácter del objeto al mostrar el número al paciente en estudio (Pesenti *et al*, 2000), que son actualmente corroboradas (Knops & Wilmes, 2014).

En referencia a las magnitudes numéricas -el formato análogo del modelo del triple código- se postula que puedan estar relacionadas con el lóbulo parietal inferior y el sulcus intraparietal (SIP) y, dada una eventual vinculación con los procesos numéricos relacionados con la memoria de trabajo, se han realizado estudios para descartarla, encontrando que esta red podría ser independiente (Paulesu *et al*, 1993), obviamente dependiendo de los estímulos como mostrar vnúmeros arábigos durante el experimento (Coull & Frith, 1998), lo cual compromete la unión de dos aspectos del modelo en cuestión, la parte analógica dependiente de un cálculo mental y el muestreo asociado a la estimulación visuo-espacial.

Algunos grupos de investigación tan sólo difieren parcialmente de los planteamientos originales del modelo de la triple codificación del procesamiento numérico. Esto es más particular en el sustrato analógico, ya que, en los procesos de comparación figurativa elemental (2 = 5 y 4= 9), la predominancia izquierda fue advertida con anterioridad mediante resonancia magnética funcional (Pinel *et al*, 1999), mientras que los parámetros de evaluación de juicio numérico (mayor o menor qué y pares o nones), siempre caractervizada en zonas derechas, ha sido controversialmente observada en hemisferio izquierdo, así como también el nivel anatómico para el procesamiento de magnitudes analógicas -la aproximación al cálculo de grandes cantidades de carácter abstracto- ha sido probado igualmente en áreas críticas parietales y en el sulcus intraparietal (Pesenti *et al*, 2000, Knops y Wilmes, 2014).

> La interacción parieto-frontal es esencial para la integración del cálculo mental.

Muchas son las interrogantes que surgen respecto de la fenomenología del cálculo, basándonos en operaciones elementales y dejando de lado la facilidad que tienen algunos individuos para procesar cantidades mayores, integrales e incluso ecuaciones con sólo preverlas, seguramente basados en dos principios como el del fortalecimiento sináptico y la experiencia.

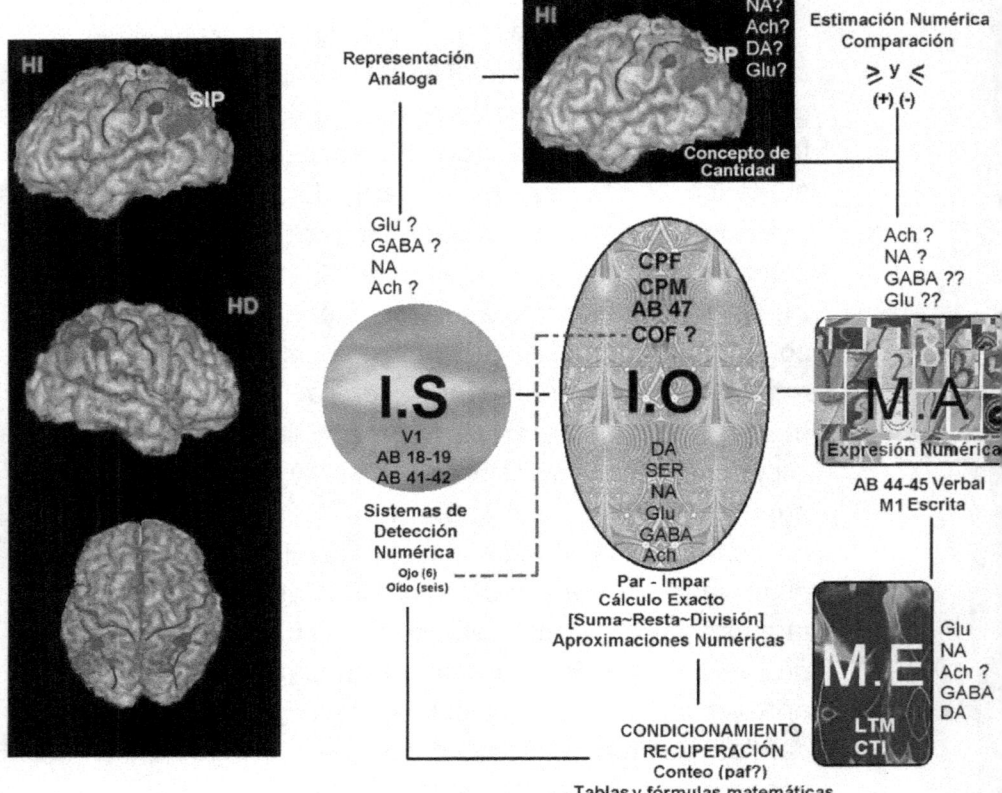

Fig 10.7 Del procesamiento abstracto del número al cálculo complejo. En la parte izquierda en fondo negro, reconstrucción tridimensional por RMNf de la actividad cerebral codificando el sentido de número. Sobresalen el *sulcus* intraparietal horizontal (SIP) bilateralmente y el *sulcus* central (SC). También hay actividad en lóbulo parietal superior bilateral (en imagen inferior) y giro angular izquierdo (Modificado de Piazza & Dehaene, 2004). En fondo blanco (a la derecha), el modelo del triple código implicando fundamentalmente las tareas análogas que sirven de puente entre el procesamiento visual y verbal. Tal representación análoga traduce la abstracción de cantidad, los principios de comparación (mayor o igual que, menor o igual que, más y menos) y estimaciones subjetivas numéricas. Los sistemas de detección numérica, se aprecian computacionalmente en un módulo de integración sensorial

(IS), analizando el *input* auditivo –procesado en AB 41-42- y visual (V1, AB 18 y 19 principalmente). Así mientras el ojo identifica al numeral "6", el oído traduce la palabra "seis". El *output* de esta información es asociado con la recuperación y condicionamiento de los sistemas mnésicos, procesados en lóbulo temporal medial (LTM) donde los datos son almacenados como memoria episódica o explícita (ME) y se efectúan tareas asociativas en cortex temporal inferior (CTI), por ejemplo cuando memorizamos tablas de multiplicar. El conteo numérico es parte de un aprendizaje primitivo que podría eventualmente semejar patrones de acción fija (PAF) en ciertas condiciones mentales. La expresión numérica o de una abstracción cuantitativa, se lleva a cabo en el módulo mecánico-asociativo (MA) y puede ser verbal en área de Broca (AB) que articula la palabra o escrito, con participación de corteza motora primaria (M1). Finalmente la integración operativa (IO), se lleva a cabo mayormente en el lóbulo frontal y corteza premotora (CPM) cuando el cálculo es parte de un sistema preverbal de razonamiento aritmético exacto o de discernimiento operacional. La participación de la corteza orbitofrontal (COF), se relacionaría potencialmente con los juicios de paridad y más sofisticadamente con la toma de decisiones en operaciones complejas. La línea roja interrumpida, indica la integración semántica en AB 47, en el borde superior de la COF izquierda. Entre los principales neurotransmisores que potencialmente estarían implicados en el procesamiento aritmético, se abrevian: NA, Noradrenalina; Glu, Glutamato; DA, Dopamina; Ser, Serotonina, Ach, Acetilcolina; GABA, ácido γ-Amino Butírico (A partir de Dehaene & Changeux, 1993 y Dehaene, 2000, Knops & Wilmes, 2014).

Ya que, muchas veces el cálculo, se asocia a fortalecimiento sináptico, en ocasiones no propiamente Hebbiano o reverberante, no es igual entonces determinar por qué a una persona se le facilita aprenderse las tablas de multiplicar y a otra

> El paradigma de la memoria de trabajo, pudiese servir para comprender el procesamiento numérico por redes especializadas del cerebro

no. Siguiendo los pasos del modelo anteriormente enunciado, vale agregar, por qué existen personas que no pueden aprender a sumar y restar cifras seriadas 12 - 6 – 4 = X, a pesar de poder realizar tareas fundamentales, 6-2, además de conocer la causa por la cual surge la equivocación en las simples sustracciones. ¿A qué se debe la incapacidad para hacer operaciones inversas, no entender propiedades conmutativas simplistas, y menos garantizar por siempre un resultado efectivo? Esto no es síndrome de *Gertsmann*, ni está asociado con padecimientos reportados previamente; en cambio, sí es motivo de la preocupación que con elevada frecuencia se presenta en alto grado en la población de diferentes grupos etáreos, dentro de un comportamiento aparentemente "normal" del intelecto.

Una posibilidad para aproximarse a la magnitud del problema global es justificar este tipo de procesamientos dentro de los modelos de la memoria de trabajo, lo que se complica si a ello sumamos ciertos vínculos emocionales que determinan el pasmo de los individuos ante la adquisición y modificación del conocimiento respecto a la complejidad evolutivamente ascendente de las operaciones matemáticas. El panorama neurocientífico en este aspecto no sólo es pobre, sino crítico y ésta prédica de carácter urgente obedece exclusivamente al reflejo de la necesidad suprema de encontrar respuestas más contundentes con las eficientes herramientas actuales que brindan la avanzada ciencia computacional y la neuroimagen.

Otra interesante perspectiva para analizar la nebulosa del procesamiento numérico con un modelo neural más elástico podría estar basado en teorías del fortalecimiento sináptico, tras la constante reiteración de las actividades relacionadas con la calculia. Es conocido que cuanto más se ejerciten estas redes, mayores probabilidades hay de mantener activado el disparo neuronal en el área. Las respuestas a los anteriores interrogantes probablemente se encuentren escudados tras los fenómenos de plasticidad sináptica que puedan estar involucrados en algunas de las redes planteadas, en particular aquellas que podrían tener vinculación con los argumentos detalladamente explicados en el libro 13, acerca de los sistemas de memoria y las cortezas de asociación (ver índice general de esta *Summa Neurobiológica*).

> El ejercicio constante del procesamiento numérico, fortalece la comunicación sináptica y la creación de nuevos circuitos neuronales.

No deja de llamar la atención el gran papel que desempeña el formato analógico en éste modelo de triple acceso de codificación numérica. En él, encontramos interesantes actitudes predictivas a largo plazo que esperan sustentaciones para la refutación. Los paradigmas de las operaciones complejas aún no han sido estudiados, y las investigaciones ancestrales (Henschen, 1919; Gertsman, 1930) parecen indicar que, en

> Existen redes neuronales especializadas para procesar semánticamente el valor de un número cuando es escuchado.

efecto, todo está en la porción inferior del lóbulo parietal, con algunas leves interacciones de otras estructuras anatómicas. Las alternativas operativas de sujetos normales, y no necesariamente asociados a los problemas de discalculia, presentan atractivos retos a la investigación.

Además, el procesamiento semántico contemplado como un formato de acceso meramente verbal es, efectivamente, una porción claramente delimitada en circuitos neuronales adyacentes, y parece lógico pensar que dicho procesamiento incluso tiene otras áreas de especialización, como el procesamiento de integración semántica operado en Area de Brodmann 47 (AB 47) en la corteza inferofrontal izquierda (Petersen et al, 1988, Shulman et al, 1997; Zhuang et al, 2014).

Sin embargo, una tesis interesante para estudiar en el futuro, es plantear hasta qué grado la complejidad de las operaciones aritméticas es categóricamente dependiente de una determinada área en cuestión, y cuáles agentes neurotransmisores estarían implicados en las manifestaciones de operaciones algebraicas simples y complejas (Fig. 10.7). ¿De qué depende que alguien pueda recordar ecuaciones y fórmulas antiguas para realizar arduos procedimientos matemáticos, y efectuarlos casi mecánicamente? En efecto, este cuestionamiento final espera ser adjuntado ya sea a las memorias explicitas o, en su defecto, a la memoria de trabajo, y deben ser comprobadas dentro de los cánones de la metodología científica. En ese caso, obviamente se activarían las mismas redes del lóbulo parietal inferior y del *sulcus* intraparietal horizontal (Dehaene, 2000, Piazza & Dehaene, 2004). ¿Existiría actividad integrativa de la corteza orbitofrontal para toma de decisiones en operaciones complejas y despeje de ecuaciones?

Los paradigmas de la complejidad aritmética seguirán siendo un turbio pero interesante tema a investigar por las neurociencias cognitivas que, paradójicamente, parecen haber encontrado en el procesamiento de imágenes un arma de doble filo, pues la categorización de algunos procesos de muy alto orden no puede ser evaluada completamente, a la espera de dispositivos más específicos y de estrategias experimentales más acuciosas; que delimiten el problema basado en la extrapolación elástica de los modelos a seguir en la comprensión de las bases neurales del cálculo numérico, que en la actualidad parece cumplir con premisas genéticas más que ambientales, para el desarrollo de las habilidades en el procesamiento cuantitativo de los objetos (Hyde & Spelke et al, 2011; Pinel & Dehahene, 2013, Mandelbaum et al, 2013) que es mayormente integrado bajo la conjunción jerarquica de redes

> Los recursos tecnológicos actuales parecen ser insuficientes para concluir realmente como opera el cálculo mental en el ser humano.

frontoparietales del hemisferio derecho (Knops & Willmes, 2014).

Módulo 37

MODELOS ALTERNOS DE PROCESAMIENTO EN LAS FUNCIONES CEREBRALES SUPERIORES

37.1 ESTRUCTURACIÓN NEURONAL DE LOS PATRONES ATENTIVOS.

> Existen redes de neuronas de la corteza prefrontal que determinan la codificación visuo-espacial de un proceso atentivo.

Varios estudios comprometen la atención y los procesos de codificación visuo-espacial en interesantes modelo de redes neuronales (Selemon & Goldman-Rakic, 1988; Fuster, 2000; Dehaene *et al*, 2001, Rahm et al, 2014) Dentro de los episodios atentivos existe la participación de la CPF, asociada a la memoria de trabajo y el control de los movimientos sacádicos que se presentan durante el enfoque de un objetivo que nos llama la atención, incluso en los modelos vanguardistas de memoria visuo-espacial y atención operacional (Zambrano, 2012, Rahm et al, 2014).

Qué es un Modelo Neuronal

La fijación ocular es la traducción operativa de la atención. Experimentos con primates indican que, en los proceso preatentivos y los eventos subsiguientes, se requiere de un engranaje debidamente sincronizado de los movimientos que conllevan a la fijación motora horizontal de la mirada tras una sacudida muy rápida para orientar estrictamente la atención en un objeto. Estos movimientos, llamados sacádicos, dependen de la actividad de las redes neuronales que se originan en el colículo superior, y cuyo procesamiento, vía tálamo, termina en diferentes estratos corticales. La capa IV es interneuronal, tiene una alta densidad poblacional de interneuronas espinosas y excitatorias (Fuster, 2008, Funahashi, 2011)

> La atención es una tarea cognitiva de alto orden, cuyo sustento operativo inicia cuando se enfoca visualmente un objeto y se genera actividad competitiva neuronal frente a otras funciones cerebrales superiores.

Su relevancia clínica se toma en cuenta, de manera taxativa, en evaluaciones para determinar diferentes estadios conscientes, como el alerta, los estados convulsivos, y en la búsqueda del reflejo óculo-cefálico, utilizado para diagnosticar períodos comatosos y muerte. El encargado de procesar una fracción de la información atencional, desde el tálamo a nivel consciente, es el colículo superior. Su interacción con el núcleo geniculado lateral, y el resto de la vía visual, son detallados en el módulo 19.

Los estados preatentivos se relacionan más con la fenomenología anticipatoria que se genera frente a la contingencia de un evento motor. El hecho de que un sistema nervioso pronostique los efectos que el medio ocasionará en su interior es parte del sustrato del pensamiento predictivo, que se efectúa bajo la interacción continua de la retroalimentación existente entre las cortezas de asociación sensorial y las estructuras que generan la actividad motora, las cuales se conectan eléctrica y neuroquímicamente.

> La predicción de un proceso cognitivo tiene un carácter retrospectivo y si la atención es operativa, tendrá un perfil prospectivo..

En la CPF se encuentran campos neuronales con actividad específica, y cada una de las neuronas del área tiene un patrón de disparo diferente para asociar el estímulo (Funahashi *et al*, 1989). Todas las neuronas que están inmersas en un procesamiento de alto orden, como es el de la memoria, están debidamente organizadas y obedecen a un patrón de distribución previamente establecido (Mountcastle 1957; Goldman-Rakic & Nauta, 1977).

Cuando hay alteraciones, particularmente en el lóbulo frontal, existe la incapacidad del sistema nervioso para regular sus propios programas conductuales, lingüísticos, cognitivos, e incluso los del razonamiento lógico, que pueden estar modificados por eventos emocionales procedentes de fibras propioceptivas o de diversos sistemas de memoria.

Qué es un Modelo Neuronal

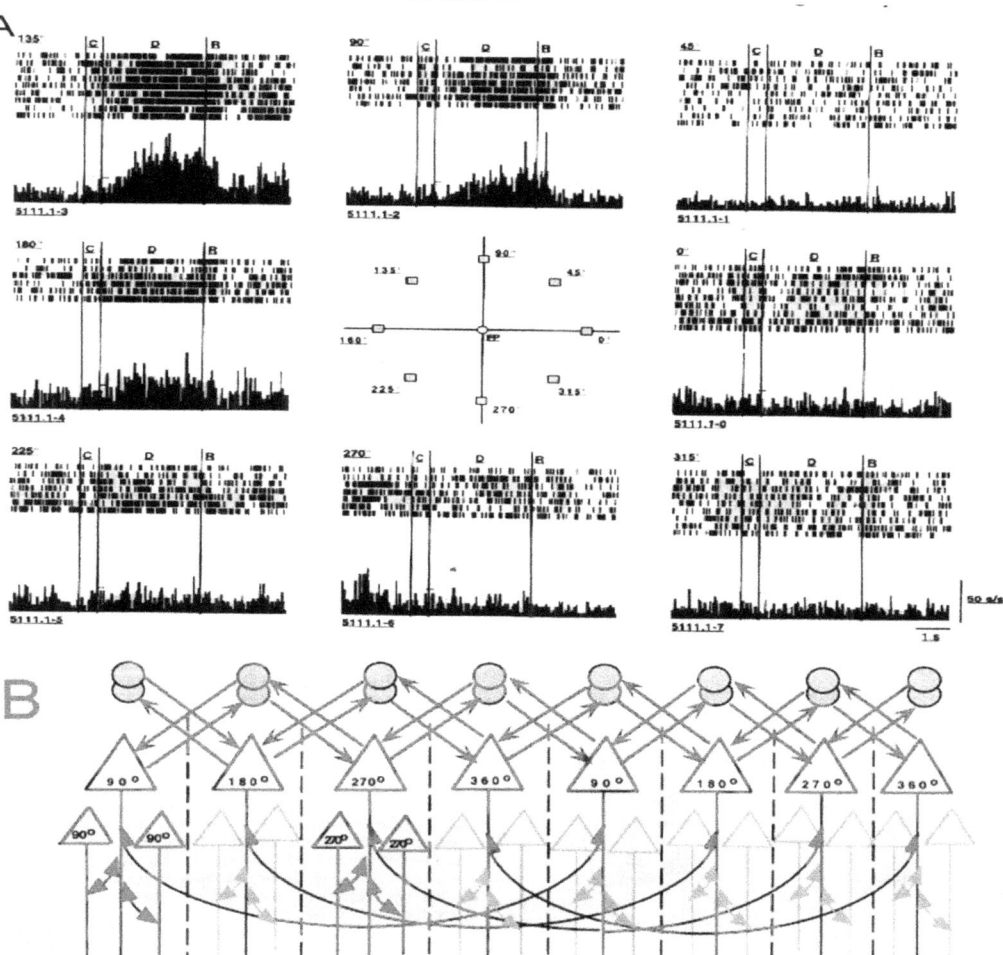

Fig. 10.8 Patrones de Comportamiento Expectantes de Células Piramidales Corticales La activación neuronal de la corteza prefrontal es vista como si estas células estuvieran pendientes del estímulo. En la parte A), el acoplamiento neuronal en CPF es expectante (N^E), asociados a memoria y control motor. Se activan fásicamente en presencia del estímulo visual, o tónicamente durante el período de retraso, en el cual, el estímulo está pendiente de ser procesado. Hay una reactivación unifásica relacionada con la preparación de la acción, con base en una "memoria guiada" hacia una respuesta previamente preparada, indicando un procesamiento jerárquico columnar en forma análoga con la corteza visual primaria. En B) un modelo de la microcircuitería de células piramidales con regulación tónica. Hipótesis gráfica de la arquitectura modular presente durante la respuesta óculo-motora en la memoria de trabajo, cuyas columnas piramidales seleccionan su mejor preferencia direccional, girando 90, 180, y 270 grados, dispuestas de una manera muy similar a como se encuentran en V1. Obsérvese la mayor actividad a 135°, y el periodo de más retraso en la respuesta es entre 90 y 180° (modificado de Goldman-Rakic, 1996).

> La especialidad de las neuronas en recuperar datos memorables depende de un gran acople córtico – subcortical.

Las redes corticales de la memoria se extienden a través de módulos y están conectadas profusamente entre sí. Así, una neurona o grupo de neuronas en la corteza puede ser parte de muchas otras redes, o de otras memorias; ése es el principio básico de porqué es virtualmente imposible localizar el punto exacto de la memoria dentro de todo el contexto cerebral (Fuster, 2000).

Las neuronas, y las estructuras sistémicas implicadas en las labores de consolidación y recuperación de datos, se preparan constantemente para realizar tareas eficaces en el momento en que se reciba el estímulo sensorial que eventualmente solicita el concurso de la memoria, y de esta forma responder a lo que es percibido, poniendo de manifiesto que la traducción sensorial del individuo neuronal es la percepción.

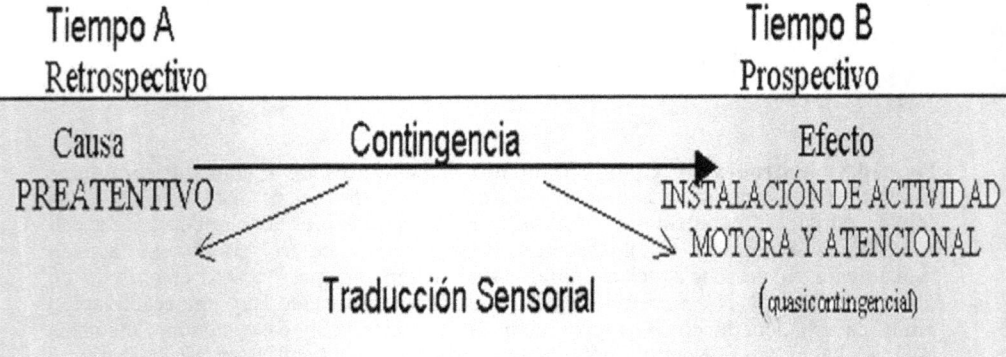

Fig. 10.9 Diferencias entre los modelos de memoria retrospectivo y prospectivo, como categorías temporales en el modelo de las contingencias. (A partir de Fuster, 2000).

Entre la percepción y el movimiento siempre existirá un principio de causalidad: el estímulo es lo percibido por el sensorio, y el efecto puede ser una reacción motora subsecuente, o la representación mental de un evento mnésico. Este tipo de mecanismos (causa-efecto) constituye un modelo de "contingencia" (Fuster, 2000); esto significa, lo que está por suceder (entre la percepción y el movimiento). El carácter retrospectivo de la contingencia está determinado, como su nombre lo indica, por la anticipación de un fenómeno que eventualmente acontecerá (Fig. 10.9). Los sistemas de memoria de trabajo basan su desempeño en dos cualidades: la de archivo, o retrospectiva, que sirve para que el cerebro conozca con qué cuenta para tal eventualidad, y la prospectiva, que se concentra en dirigir la atención hacia la preparación de la acción.

> El ciclo acción-percepción, explica el procesamiento de las redes neuronales de la atención.

Joaquin M. Fuster, del Instituto Neuropsiquiátrico de la Universidad de California, en Los Angeles, es categórico al presentar el modelo de la "mediación de las contingencias", que consiste en los eventos que asocian dos estadios temporales de la memoria con respecto al procesamiento de un estímulo: La acción (patrón causal), y el efecto (patrón responsivo). (Fuster, 2000).

Esto significa que los estímulos que ingresan para ser procesados por cualquiera de los sistemas de memoria (acción), ya sean a corto o largo plazo, deben seguir una línea

> Cuando el *input* de información demanda la ejecución de una acción, el cerebro dispone de redes neuronales especializadas en preparar en milisegundos, acciones predicitvas específicas, dispuestas a responder contingencialmente a un estímulo.

de procesamiento en el tiempo de forma unimodal o multimodal, respecto de las áreas de asociación y, en especial, con la corteza prefrontal dorsolateral (efecto). El paradigma de la "mediación temporal de las contingencias" siempre tendrá un componente neural de la representación de un estímulo, y esto puede ser reflejado en estudios de Tomografía por Emisión de Positrones de manera topográfica, por ejemplo, al generar lenguaje articulado (Paulesu *et al*, 1993; Aguirre y D'esposito, 1998) y otras acciones cognitivas (Fuster, 2008).

Este sencillo modelo consiste, fundamentalmente, en un puente que se crea entre la memoria de trabajo y el tiempo que gasta una red neuronal en preparar la acción que responde a un estímulo. Para ello, Fuster describe un principio básico de la biología cibernética, basado en el nexo existente entre las jerarquías sensorial y motora, estableciendo el ciclo fundamental de acción y percepción en las jerarquías paralelas de los sistemas neurales.

La neuroanatomía del modelo consiste, esencialmente, en dos jerarquías paralelas de estructuras neurales, sensorial y motora, que se extienden a través de todo el *axis* nervioso, desde la médula espinal hasta altas cortezas de asociación, entre ellas la CPF. La información sensorial es modificada en fracciones de tiempo (mediación temporal de carácter cuasicontingencial), por medio de la jerarquía motora que produce cambios en el ambiente. Estas acciones de movimiento son integradas en bajas estructuras del ciclo, como la corteza premotora y los ganglios basales, o las implicadas en los efectos viscerales, presentes en la percepción emocional, los mayores responsables de las respuestas predictivas que ejecutan acciones motoras inmediatas ante un estímulo entrante, semejante a los fenómenos de *reentrada* de información (Fuster, 2000, 2008), como operan mecanismos de computación y redes neuronales. (Tononi et al, 1992, Raudies & Neumann, 2010, Sporns, 2011, 2014)

> La re-entrada de información es un principio básico de computación que explica la complejidad de algunos modelos neuronales.

Desde el punto de vista de la unidad neuronal, se ha descrito, desde hace años, que las neuronas piramidales de la CPF son copartícipes determinantes en el procesamiento de la memoria a corto plazo, gracias a sus típicos patrones de disparo, que facilitan acciones prospectivas, como las que se dan en la atención selectiva (Fuster, 1973; Funahashi *et al*, 1989). Esto otorga a dichas células la vigencia moderna de lo que Ramón y Cajal denominó: «células psíquicas» (Goldman-Rakic, 2002). A este respecto, el aragonés se adelantó un par de años, cuando publicó, sus primeras especulaciones sobre las estructuras anatómicas que, en su opinión, podrían estar inmiscuidas en la atención y la asociación de ideas (Ramón y Cajal, 1895).

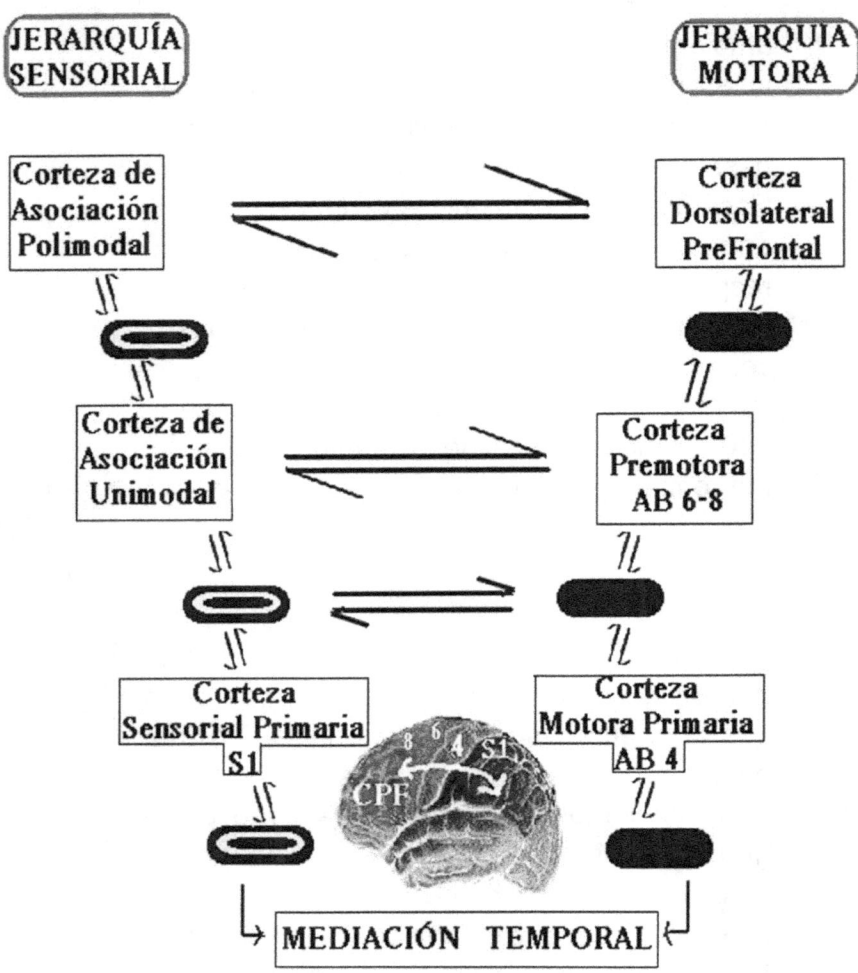

Fig. 10.10. **Anatomía cortical del ciclo acción~percepción en el cerebro humano.** Los semióvalos no marcados representan subáreas intermedias de procesamiento entre los rectángulos que traducen áreas de mayor actividad cerebral. La CPFDL incluye áreas de *Brodmann* (AB 9 y 46), mientras que la sensorial primaria, sólo ocupa S1. Área motora es AB 4, y premotoras AB 6 y 8. Las flechas indican las conexiones evidenciadas en primates, las cuales tienen un carácter de retroalimentación positiva y negativa de forma bidireccional (modificado de Fuster J.M, 2000).

Qué es un Modelo Neuronal

La corteza prefrontal dorsolateral (CPFDL) es en la mediación temporal de las contingencias; la estructura primordial para comprender el modelo bijerárquico de la figura 12.4. Si se encasillaran estos caracteres electrofisiológicos en una red neuronal cibernética, se mantendría la suposición de que los patrones de disparo existentes en las células piramidales de la CPFDL tienen un comportamiento múltiplemente repetitivo, y como parte de su sostenido repertorio, preservan una afinidad por los modelos algorítmicos de retropropagación observados en el aprendizaje computacional, y discutidos en el capítulo anterior, en los que existe un grado específico de información de salida dependiente del peso sináptico (φ) que previamente se haya procesado en las unidades de transferencia.

> La estructura cerebral que puede integrar acciones predictivas y priorizar rápidamente la capacidad de respuesta, es la corteza prefrontal dorsolateral (CPFDL).

El punto más trascendente, aplicable a la retroalimentación y al aprendizaje, es que después de que han sido establecidos los pesos sinápticos -incluidos sus márgenes de error-, la activación a corto plazo de la red artificial de memoria recurrente estimula, de forma independiente, los patrones unitarios de disparo neuronal, que son prácticamente idénticos a los que generan los sistemas de memoria de trabajo. Así se determina la funcionalidad de «*reentrada*» en las dinámicas corticales celulares de las áreas polimodales de asociación, estableciendo el circuito entre percepción y acción (Fuster, 2000, 2008).

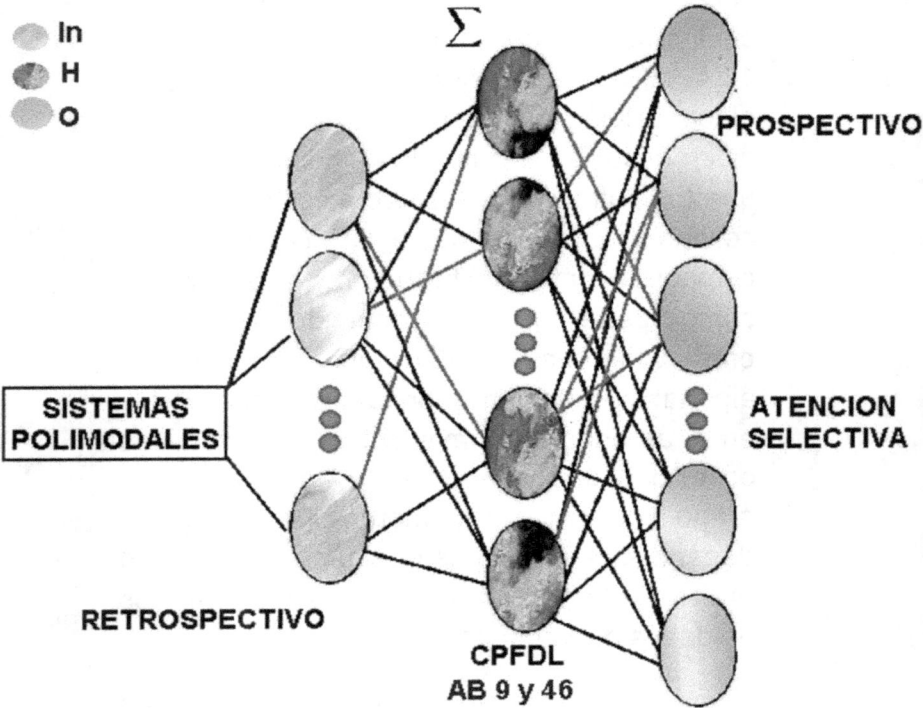

Fig 10.11. Traducción cibernética de un modelo clásico de retropropagación (ver Fig. 10.2), adaptado a patrones retrospectivos y prospectivos del procesamiento de información bijerárquico. φ = Modificación de la información. (In) Ingreso de información (*Input*). (H) Unidades de Transferencia. (O) Unidades de Salida.

Cuando se genera la actividad sensorial, aparece el patrón retrospectivo vinculado con la memoria de trabajo y, cuando se instala el proceso atentivo en la CPFDL, la tarea toma un rol prospectivo (Fuster, 2000). Éstos son los fundamentos de la ejecución central, predominantemente motores, instalados en los sistemas de memoria que se discuten en el módulo 45, y que sustentan el papel de la jerarquía motora en los comandos efectores que subyacen a la relatividad causal en la temporalidad de las contingencias.

Análisis un poco más específicos, que evalúan las tareas anticipatorias y de retroalimentación del intelecto, enfocan ciertos requerimientos de alto nivel de ejecución central, como los que se desarrollan en los juegos de ajedrez, o en el ancestral juego de *Gó*, donde se activa preponderantemente la red neuronal de la memoria de trabajo. En ellos, se ponen a prueba los recursos mentales del jugador, ejerciendo comportamientos de constante recuperación de eventos a corto y largo plazo, al asociar jugadas realizadas meses o años antes. La inteligencia artificial del pasado siglo XX ha demostrado echar mano de estos mecanismos neurales para estimular la competencia hombre-máquina, en el caso «*Deep-Blue* Vs Primate ajedrecista» y, de esa forma, utilizarlo dentro de la eficiencia de los modelos computacionales de aprendizaje (Newborn, 2000). En una tarea simple, el jugador debe distinguir colores; distinguir el objeto en forma y figura (rey-dama, peón-alfil, etc.); tener desarrollada la discriminación espacial, pero principalmente la secuencial, y consolidar la manipulación de sus archivos de

> En juegos como el ajedrez o el *Gó*, las redes neuronales de la CPF modifican su patrón de disparo, relacionando memoria de trabajo con tareas secuenciales que traducen actividad retrospectiva y prospectiva frente a una contingencia operativa.

> En los fenómenos preatentivos hay predominancia de procesamiento sensorial

memoria de trabajo, en los que puede implicarse objetivamente el modelo de la mediación temporal de las contingencias. De esta óptica preatentiva, la jerarquía sensorial otorga la cualidad retrospectiva, y la estrategia que se piensa desarrollar, garantizando los mecanismos atencionales prospectivos que serán ejecutados, primero espacialmente, y luego de forma motora (Figura 10.11). Durante tal mediación, existen un sinnúmero de posibilidades a jugar, lo que determina el patrón cuasicontingencial del pensamiento predictivo.

Estudios realizados con RMNf demostraron gran actividad cortical dorsal prefrontal (AB 9), temporal postero-inferior (AB 20 y 37), y parieto-occipital (AB 7, 17-19, 39 y 40); sin embargo, el dato más interesante es que también fueron activadas zonas de la corteza sensorial primaria S1 y premotoras (Atherton *et al*, 2003); lo que se acerca por mucho a las estructuras neuroanatómicas previstas en el paradigma bijerárquico de Fuster. Aún más interesante, desde el punto de vista de la concepción mental de la imagen (*Cfr.* Módulo 16), es la activación en el lóbulo parietal que se asocia con la revisión secuencial de jugadas posteriores (AB 7, 39 y 40), y la combinación -en los mismos milisegundos- de actividad cortical prefrontal, AB 9, en la memoria de trabajo (Courtney, Ungerleider & Haxby, 1998), aunque en ese tipo de estudios no se ha evidenciado

Qué es un Modelo Neuronal

claramente la activación de AB 46, como porción operativa de la CPFDL (Atherton *et al*, 2003). Esto probablemente se debe a que tal porción de la corteza no se considera ejecutora de tareas de alto orden analítico (Sternberg, 2000, Gray *et al*, 2003).

A.
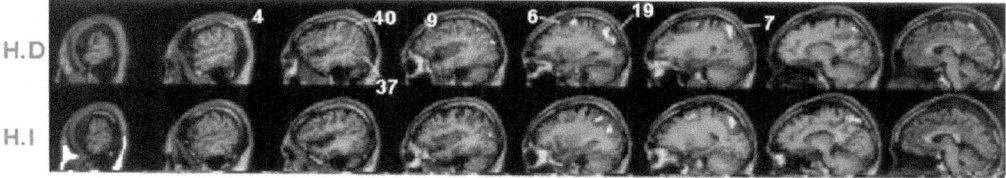
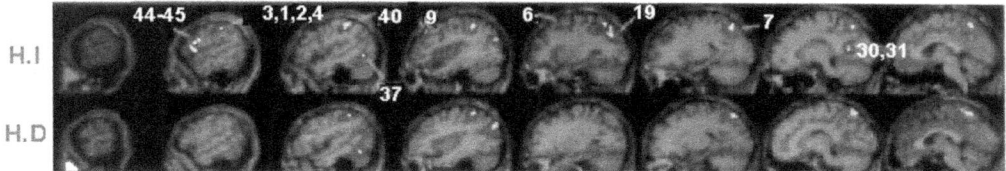

B.
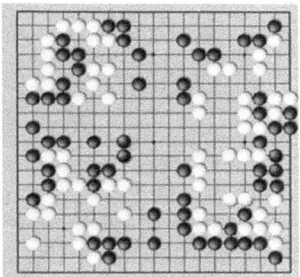 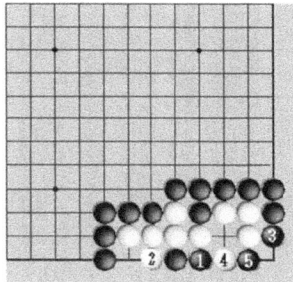 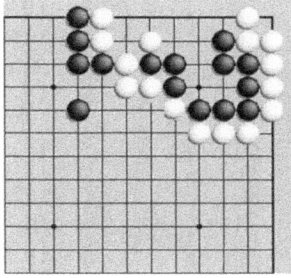

Fig. 10.12. **Activación de áreas corticales, en posiciones de juego *random* para ajedrez y *"Gó"*.** A) La RMNf demuestra similitudes específicas durante este tipo de procedimientos atentivos, con actividad retrospectiva y prospectiva para ciertas áreas de *Brodmann* en ambos hemisferios (H.D., Hemisferio Derecho. H.I., Hemisferio Izquierdo). B). Típicas estrategias del juego de *"Gó"* y una tradicional secuencia de *Fuseki*. (PA) Posiciones Aleatorias. (Modificado de Chen *et al*, 2003 y Atherton *et al*, 2003).

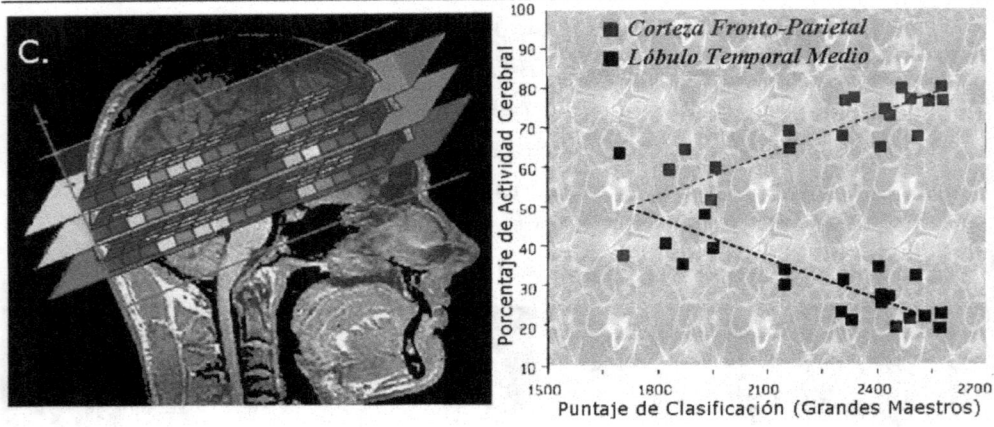

En C), (Imagen izquierda), registro por magnetoencefalografía de actividad cerebral de ajedrecistas enfrentados a computadoras. Nótese despolarización en lóbulo temporal medio. La activación de corteza frontoparietal, se asocia a nuevas combinaciones para jugadores de poca experiencia o que en mayoría, evidencian menos del 50% del desempeño cerebral que los jugadores expertos. Mientras que en grandes maestros (clasificación FIDE), la corteza parietal y frontal presentó mayor y actividad (arriba del 70% a puntajes superiores de 2400), indicando recuperación de información a largo plazo y mayor desempeño cognitivo (Modificado de Ross, 2006)

En el caso del oriental juego de *«Gó»*, también se requiere de gran capacidad cognitiva y secuencial. Allí se utiliza mayormente la fina discriminación espacial, ya que tiene figuras redondas semiplanas más pequeñas, que por turno se disponen exactamente en el vértice del cuadro y no en el centro, de modo vertical u horizontal, sobre un tablero de 19 x 19 cuadros del mismo color; mientras que en el ajedrez hay sólo 64 cuadros, con dos colores diferentes (ver Fig.

Qué es un Modelo Neuronal

10.12). Los hallazgos con RMNf guardaron cierta similitud, aunque demuestran mayor actividad en las áreas de discriminación fina sensorial (AB 1, 2, 3 bihemisféricas y 7 de hemisferio izquierdo), y de ejecución premotora (AB 4 y 6); así como áreas parietales, predominantemente en hemisferio derecho.

Hubo dos diferencias sustanciales: activación de AB 30-31, asociada a área cingulada posterior, relacionada con la recuperación de la memoria episódica (Cabeza & Nyberg, 2000), y área de *Broca* (44,45), que los científicos explican como actividad particular que se produce en la dinámica intrínseca del *"Gó"*, donde constantemente se anuncian ciertos movimientos al contrincante con terminología verbal (Chen X *et al*, 2003).

> La actividad retrospectiva está ligada a las cortezas de asociación y la prospectiva es determinada por patrones atentivos y de operatividad selectiva.

Una de las contingencias que sobrevienen a la interacción de lo retrospectivo, dado por la actividad de las cortezas de asociación, y lo prospectivo, dado por la atención, es la capacidad que se tenga para estar consciente de realizar una selección efectiva; esto es, «la capacidad selectiva de la respuesta a un estímulo determinado». Ahora, es esencial distinguir dos conceptos que, por su funcionalidad, parecen estar asociados, pero que difieren polarmente el uno del otro: Se puede ser consciente de no estar poniendo atención y se

La Decontextualización Sensorial

puede permanecer atento mientras se esté consciente.

Al estar en vigilia, suena plausible que una interferencia nos desvíe del foco de atención. Este es el principio de decontextualización, ya que obviamente, durante el sueño (como estado de conciencia), no se instalan completamente los estado atentivos, dependiendo de la intensidad perceptiva o de la fase de sueño en que estemos. Por tanto, hay fenómenos concienciales que no permiten desarrollar la capacidad selectiva de la atención, y otros que permiten "distribuir" la contextualización atentiva en otros estímulos (*Cfr.* Sección V, de esta colección).

> En la atención es fundamental que existan redes neuronales perceptivas.

Por ello, la existencia de la conciencia tiene un carácter relativo, ya que depende de una contingencia temporal relacionada con los diversos estímulos que se deben procesar, vinculados con los sistemas de percepción e integración tálamo-corticales y límbico-pontinos.

En el módulo 40 (y en el apéndice del libro 11), se plantea una aproximación matemática al modelo relativo para la operatividad de la conciencia, que describe la fracción algorítmica que comprueba ecuacionalmente la TEN (Zambrano, 2012).

En síntesis, el procesamiento de la información intelectual se ejemplifica objetivamente con el modelo alterno de procesamiento bidireccional, mediado por una temporalidad contingente, con base en la estimulación sensorial y en el tipo de respuesta motora que depende del acomodamiento topográfico de la información. Esto es cumplido por procesos de codificación y discriminación sensorial, que se llevan a cabo predominantemente en las cortezas de asociación. Como parte de ciertas fenomenologías atribuidas a la conciencia y a los procesos atentivos, las transformaciones finales y representaciones de esta información, procedente de redes neuronales específicas, dependen del tipo de capacidad selectiva que se tenga para almacenar la información en diferentes estratos de SNC, y que influyen categóricamente en la decisión de considerar posteriormente a estos eventos útiles, o no.

> La atención también puede ser estudiada en términos probabilísticos

37.2 UN MODELO NEURONAL PLURICONVERGENTE Y TEMPORAL.

El modelo de procesamiento convergente de la conciencia, GWS (Por sus siglas en inglés, *Global WorkSpace*), concebido inicialmente por Bernard Baars (Baars, 1988; Baars et al, 2013) y modificado por varios grupos de investigadores expertos en la materia, entre ellos Stanislas Dehaene y Jean Pierre Changeux, comprende la integración de las tareas cognitivas más cotidianas (Dehaene *et al*, 2001, Dehaene & Changeux, 2011; Baars et al, 2013). En él, se contemplan cinco

> Un estado de conciencia, puede operar por medio de mecanismos de atención operativa.

aferentes de información que confluyen en una suerte de englobamiento, que determina la finalidad de cada una de las áreas que la conforman, las cuales incluyen el área de la atención, que abarca las modalidades de la atención visuo-espacial y las estructuras mayormente implicadas de la conjunción parieto-occipital y la CPF.

Las otras cuatro unidades destinadas a converger en el ámbito GWS son emocionales cualitativas, que otorgan el valor subjetivo a los juicios y tienen sustratos neurales en las estructuras límbicas, especialmente las parahipocampales como la amígdala, y las cortezas cinguladas y orbito-frontales. Las restantes unidades de procesamiento se traducen en mecanismos de conciencia operativos (*Cfr.* Módulo 53.2), como el pasado (memoria), el presente (sensopercepción), y el futuro (área motora) de las sensaciones (Fig. 10.13). En estos tres, se encuentra, igualmente, cierta similitud a lo planteado en el paradigma bijerárquico de Fuster. Lo interesante del modelo de convergencia global GWS, es que se han utilizado los tiempos, que son tan importantes como las mismas estructuras neurales, lo que significa que, de nuevo, la mediación temporal de las contingencias es fundamental para el procesamiento de la información, que está inmerso en el circuito de la acción y la percepción (ver Fig. 10.10).

Qué es un Modelo Neuronal

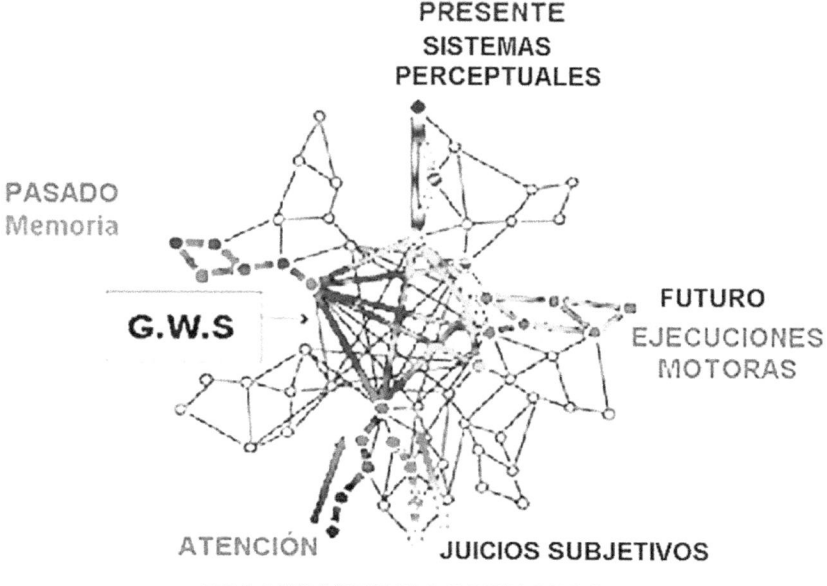

Fig 10.13 Las cinco vías perceptivas. Nótese que cada una de ellas tiene una especialidad neuronal en su disposición proyectiva, realizando una función específica de alto orden y su correlato anatomo-fisiológico. En el centro, donde aferentan las cinco proyecciones, está la participación vegetativa del alerta, modulado por neuronas reticulares (modificado de Dehahene *et al*, 2001 & 2003).

El tiempo presente es definido por los científicos franceses como el sistema perceptual gobernado por las áreas de *Wernicke* y las áreas temporal y parietal inferior, importantes para el procesamiento semántico de las palabras y la codificación sensorial. Así, el contenido de un objeto puede ser accesado, mediante el discurso verbal, al patrón convergente del GWS.

El pasado está gobernado por las áreas hipocampales y parahipocampales, principalmente implicadas en la memoria a largo plazo, y el quinto aferente, el futuro, es dependiente de la integración motora, que se apoya primordialmente en área motora suplementaria, área de *Broca*, ganglios basales y cerebelo.

> La integración efectiva de la función intelectual, demanda la obligatoriedad de procesar cognitivamente las unidades de tiempo y espacio de manera convergente y simultánea.

Basado en los sistemas clásicos binarios, es posible entender los modelos de vigilancia, atención, y las distintas operaciones que deben cumplir las neuronas proyectivas de función espacial cortical, que pueden manejar dos estados de conciencia. Al comprender el modelo GWS como un cerebro computacional, se piensa que tiene mecanismos de vigilancia, cuando está activo; y de sueño, cuando inactivo.

La simulación computacional está dada por el modelo clásico de Warren Mc Culloch y Walter Pitts, cuyas unidades varían entre cero y uno, teniendo unidades con peso sináptico W_{ij} que producen una función sigmoidal $(x)=1/1+e^{-x}$, similar a los patrones de dos estados presentados por las ecuaciones de Ludwig Boltzmann. Además, tienen valor positivo y negativo, porque así expresan las cualidades excitatorias e inhibitorias de las neuronas de cada sistema aferente.

Qué es un Modelo Neuronal

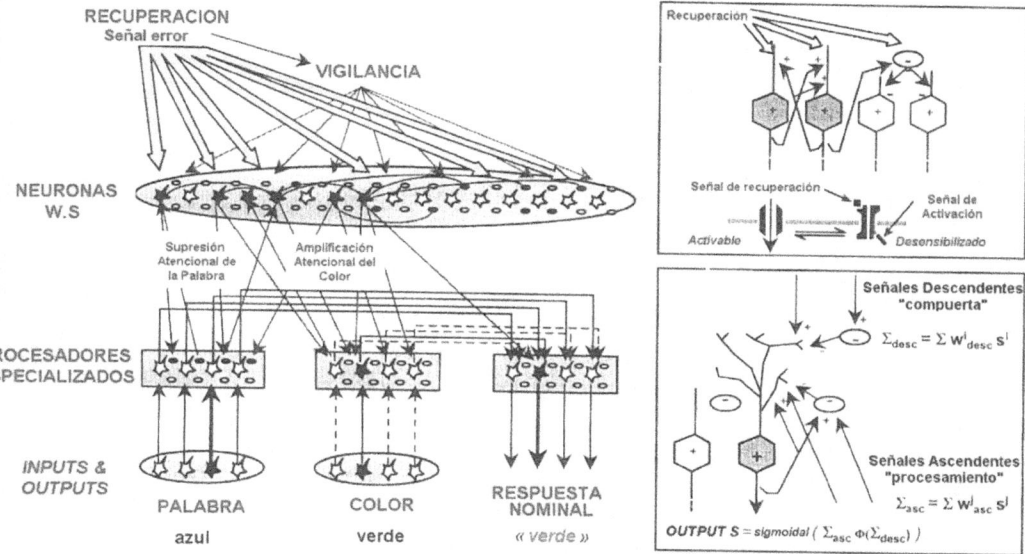

Fig 10.14 La vigilancia en este modelo de procesamiento semántico del color, implica una señal de coordinación atentiva en todas las acciones a procesar. Por lo tanto, deben existir durante la recuperación, señales de error, que al final nos conjunta la respuesta nominal de una palabra. Tras la amplificación del significado del color, éste puede ser enunciado oralmente, gracias a las neuronas especializadas ligadas al *workspace* (WS), es decir, las células que convergen en un ámbito de procesamiento. La recuperación puede darse por canales atentivos que ostentan grados de sensibilización o deactivación y las señales transmitidas pueden ser ascendentes o descendentes (ver texto). Apréciese que la salida de información (*output*), en este modelo tiene una representatividad sigmoidal y contempla dos estadíos de información. Modificado de Dehaene *et al*, 2001.

Las ecuaciones sigmoidales de las actividades inhibitorias y excitatorias neuronales tienen un patrón de conexiones descendentes, siguiendo el modelo jerárquico clásico de Mountcastle. La modulación de la función monotónica Φ es semejante a la función de X, **Φ**x cuando $x \to -\infty$, y **Φ**x → 2 cuando $x \to +\infty$ (Dehaene *et al*, 2001). Lo anterior justifica, entonces, la importancia de los valores positivos y negativos del concepto matemático-conciencial del valor infinito (+/-∞) que se discuten en la TEN (Zambrano, 2012).

> La adecuada función de una neurona incluye básicamente un orden pre-determinado para transferir información y ejecutar exitosamente conexiones que fortalezcan el entorno.

Una implementación molecular plausible para las reglas que modulan ambos estados, (excitatorios e inhibitorios), se propone como simil para un receptor alostérico (Changeux & Dehaene, 1989). Allí, tal condición específico-proteica, coincide con el *status* postsináptico y los transientes de equilibrio que son modificados al ser "sensibilizados" por una *conformación refractaria* (Dehaene et al, 2001). A través de la "regla química de Hebb", que describe la interacción entre neuronas, la recuperación negativa de un determinado estado inicial de una neurona (condición de refractariedad – *Cfr.* Fig 11.2), desestabiliza las conexiones excitatorias que permanecen comúnmente en la convergencia global del modelo GWS y, a causa de ello, inician un cambio en la actividad, tornándose inhibitoria, o continuando con un patrón excitatorio.

Este principio de refractariedad, aunado al conexionismo y al perfil epistémico de las células nerviosas, son esenciales para plantear nuevas alternativas del procesamiento neuronal, que serán discutidas en el próximo tomo de redes neuronales de esta *Summa Neurobiológica* (Ver índice general, Módulos 38 al 40).

EXCERPTA SUCINTA

- La representación gráfica de los componentes estructurales del sistema nervioso debidamente acoplados, puede reflejarse en modelos neuronales; cuya orientación final - apoyada en tesis teórico-matemáticas- consiste en facilitar la comprensión dinámica de las redes neurales en una determinada actividad cerebral.

- El modelo cibernético de la inteligencia artificial se basa en el principio de la conectividad y la microcircuitería neuronal. La tecnología computacional avanza mucho más rápido que el desarrollo evolutivo del pensamiento humano, debido a la diferencia existente entre las constantes biológicas y electrónicas por las que se transmite la información.

- La importancia pragmática de la inteligencia artificial, y su unión a los modelos de redes neurales, está fundamentada en las teorías conexionistas. La evolución en este campo depende del buen acoplamiento de la nanotecnología, la genética y la robótica.

- El cálculo mental exacto es una función cerebral de alto orden, dependiente de la CPF. La aproximación en cálculo numérico se distribuye en ambos hemisferios y en en lóbulo parietal inferior.

- La atención, el análisis prospectivo y retrospectivo de las contingencias espacio-temporales, la integración global de las sensopercepciones y la memoria de trabajo; son paradigmas para comprender nuevas formas de procesamiento neuronal en funciones cerebrales superiores.

Literatura Fundamental y Sugerencias Bibliográficas.

Adrian ED, Fessard AE, Hebb DO, Hess WR, Jasper H, Lashley K, Magoun HW, Moruzzi G, Nauta WJH, Penfield W, *et al* **(1954) Brain Mechanisms and Consciousness (The Council for International Organizations of Medical Sciences, CIOMS, auspiced by UNESCO and WHO). Blackwell, Scientific Publications Oxford.**

Anderson JR, Betts S, Ferris JL & Fincham JM (2011). Cognitive and metacognitive activity in mathematical problem solving: prefrontal and parietal patterns. Cogn Affect Behav Neurosci. 11(1):52-67.

Baars BJ, Franklin S, Ramsoy TZ (2013). Global workspace dynamics: cortical "binding and propagation" enables conscious contents. Front Psychol. 4:200.

Bota M & Swanson LW (2007) Online workbenches for neural network connections. J Comp Neurol. 500:807-14.

Ballard DH (1997) An introduction to natural computation. MIT Press.

Ceruzzi PE (2012) Computing, A Concise History. MIT Press. Essential Knowledge Series.

Chomsky N (1956) Three Models for the description of language. IRE Trans. On Information Theory 2(2):113-124.

Dos reis A (2012) Chomsky's Hierarchy. in Compiler Construction Using Java, JavaCC, and Yacc, John Wiley & Sons., Hoboken, NJ, USA. The IEEE Computer Society, Inc.

Funahashi S (2011) Representation and Brain. First Ed. 2007. Springer, Japan.

Hebb DO (1949) The Organization of Behavior: A neuropsychological Theory. NY. John Wiley and Sons.

Bibliografía

Jang SF, Liu WH, Song WS, & Chen MT et al (2014) Nanomedicine-based neuroprotective strategies in patient specific-iPSC and personalized medicine. Int J Mol Sci. 15(3):3904-25.

Knops A & Willmes K (2014). Numerical ordering and symbolic arithmetic share frontal and parietal circuits in the right hemisphere. Neuroimage. 84:786-95

Knuth D (2011). The Art of Computer Programming: Generating All Trees – History of Combinatorial Generation; Volume 1-4. Pg 50 . Addison-Wesley Eds.

Luria AR (1977) Las funciones corticales superiores del hombre. Editorial Orbe; La Habana

Mandelbaum E (2013). Numerical architecture. Top Cogn Sci. 5(2):367-86.

Minsky M (1994) Will robots inherit the earth? Sci Am. 271(4):108-13.

Pinel P & Dehaene S (2013). Genetic and environmental contributions to brain activation during calculation. Neuroimage. 81:306-16.

Rumelhart DE, Hinton GE & Williams RJ (1986) Learning representation by backpropagating errors. Nature 323: 533-36

Sporns O (2014). Contributions and challenges for network models in cognitive neuroscience. Nat Neurosci. 2014 Mar 30. PubMed ID: 24686784.

Sporns, O (2011). Networks of the Brain. MIT Press.

Tononi G (2012). Integrated information theory of consciousness: an updated account. Arch Ital Biol. 150(2-3):56-90.

Zhuang J, Tyler LK, Randall B, Stamatakis EA, Marslen-Wilson WD (2014). Optimally efficient neural systems for processing spoken language. Cereb Cortex. 24(4):908-18

Zylberberg A, Fernández Slezak D, Roelfsema PR, Dehaene S & Sigman M (2010). The brain's router: a cortical network model of serial processing in the primate brain. PLoS Comput Biol.6 (4) April.

BIBLIOGRAFÍA REFERENCIAL
LIBRO DIEZ
(Lecturas Recomendadas y Esenciales

Adrian ED (1932) The Activity of the Nerve Fibres. From *Nobel Lectures, Physiology or Medicine 1922-1941*, Elsevier Publishing Company, Amsterdam, 1965

Anderson SW, Damasio AR, Damasio H. (1990) Troubled letters but not numbers. Domain specific cognitive impairments following focal damage in frontal cortex. Brain. 113:749-66.

Aréchiga H (1998) Las Neurociencias y la Inteligencia Artificial. En. De la Fuente R, A-Leefmans FJ; Ed. El Colegio Nacional.

Baars BJ (1988) A Cognitive Theory of Consciousness. Cambridge, MA: Cambridge University Press.

Baars BJ (1983) Conscious contents provide the nervous system with coherent global information. In Davidson RJ, Schwartz GE & Shapiro D (Eds.), Consciousness and Self Regulation. NY Plenum Press.

Barish RD, Schulman R, Rothemund PW & Winfree E (2009). An information-bearing seed for nucleating algorithmic self-assembly. Proc Natl Acad Sci U S A. 106(15):6054-9.

Baum J (1986) The Calculating Passion of Ada Byron. Ed. Archon. Hamden, Connecticut.

Binnig G, Rohrer H, Gerber C & Weibel (1982) Surface Studies by Scanning Tunneling Microscopy. Phys. Rev. Lett. 49 (1): 57-61.

Bordier C, Puja F & Macaluso E (2013). Sensory processing during viewing of cinematographic material: computational modeling and functional neuroimaging. Neuroimage. 67:213-26.

Brannon EM (2006) The representation of numerical magnitude. Curr. Op. Neurobiol. 16: 222-29

Chomsky N (1963) Formal properties of grammars. In Handbook of Mathematical Psychology. 2:323-418. John Wiley & Sons, NY.

Cortada JW. (1990) A bibliographic guide to the history of computing, computers and the information processing industry. New York : Greenwood.

Cohen L & Dehaene S (1996) Cerebral networks for number processing. Evidence from a case of posterior callosal lesion. Neurocase 2:155-74

Coldren JT & Colombo J (1994). The nature and processes of preverbal learning: implications from nine-month-old infants' discrimination problem solving. Monogr Soc Res Child Dev. 59(4):1-75; discussion 76-93

Coull JT & Frith CD (1998) Differential activation of the superior parietal cortex and infraparietal sulcus by spatial and nonspatial attention. Neuroimage 8:176-187.

Dahmen W, Hartje W, Bussig A & Sturm W (1982) Disorders of calculation in aphasic patients--spatial and verbal components. Neuropsychologia 20:145-53

De León D, Kubasak M, Phelps PE, Timoszyk WK, Roy RR, Edgerton VR (2002) Using Robotics to teach the spinal chord to walk. Brain Res. Revs. 40:267-73

Dehaene S, Kerzberg M & Changeux JP (2001) A neuronal model of a global workspace in effortful cognitive tasks. Ann. NY. Acad. Sci. 929:152-165.

Dehaene S. (2000) Cerebral Bases of Number Processing and calculation. En: Cap 68. The New cognitive Neurosciences. Gazzaniga M S. MIT.

Dehaene S, Spelke E, Pinel P, Stanescu R & Tsivkin S. (1999) Sources of mathematical thinking: behavioral and brain-imaging evidence. Science. 284(5416):970-4.

Dehaene-Lambertz G, Dehaene S & Cohen L (1998) Abstract representation of numbers in the animal and human brain. TINS (8):355-61

Dehaene S & Cohen L (1997) Cerebral pathways for calculation: double dissociation between rote verbal and quantitative knowledge of arithmetic. Cortex 33:219-50

Dehaene S, Tzourio N, Frak V, Rainaud L, Cohen L, Mehler J, Mazover B (1996) Cerebral activation of number multiplication and comparison: A PET study . Neuropsychologia 34:1097-1106.

Dubbey JM (1978) The mathematical work of Charles Babbage. Cambridge University Press.

Feynman RP (1961) There's Plenty of Room at the Bottom. In Gilbert HD (Ed.), Miniaturization, Chapter 16. Reinhold, New York.

Fuster JM (2008) prefrontal Cortex. Academic Press

Fuster JM (1973). Unit activity in prefrontal cortex during delayed-response performance: neuronal correlates of transient memory. J Neurophysiol. 36(1):61-78

Fuster JM (2000). Memory networks in the prefrontal cortex. Prog Brain Res. 122:309-16

Gallistel CR & Gelman R (1992) Preverbal and verbal counting and computation. Cognition 44: 43-74.

Gebuis T, Cohen Kadosh R, de Haan E & Henik A (2009). Automatic quantity processing in 5-year olds and adults. Cogn Process. 10(2):133-42.

Gertsmann J (1930) Zur Symptomatologie der hirnläsionen im Ubergangsgebiet der unteren parietal und mittleren occipital windung. Nervenarzt, 3, 691-95. Cit. en: Pesenti et al, 2000.

Gertsmann J (1940) Syndrome of finger agnosia disorientation for right and left agraphia and acalculia. Arch. Neurol. Psych. 44:398-408. Cit en: Dehaene, 2000.

Goebel R & van Atteveldt N. (2009) Multisensory functional magnetic resonance imaging: a future perspective. Exp Brain Res. 198(2-3):153-64.

Goonatilake S(1998). Toward a Global Science. pg. 126. Indiana University Press.

Henschen SE (1919) Uber Sparch-Musik und rechen mechanismen und ihre lokalisation im grosshirn. Zeitscrift Fur Die Gesamie Neurologie Und Psychiatrie, 52:273-298. CIT in: Pesenti et al, 2000.

Hinton G.E. (1992) How neural networks learn from experience. Sci. Am. 267(3): 145-52.

Homae F, Watanabe H, Nakano T & Taga G (2011). Large-scale brain networks underlying language acquisition in early infancy. Front Psychol. 17:2:93.

Hyde DC & Spelke ES (2011). Neural signatures of number processing in human infants: evidence for two core systems underlying numerical cognition. Dev Sci. 14(2):360-71.

Hsu FH, Anantharam TH, Campbell M & Nowatzyk AA (1990) Grandmasters chess machine. Sci am. 263:18-24

Jackson M & Warrington EK (1986) Arithmetic skills in patients with unilateral cerebral lesions. Cortex 22: 611-20.

Kurzweil R (2005) The Singularity Is Near:When Humans Transcend Biology. Viking Penguin, Penguin Group, USA.

Maturana H & Varela FJ (1980) Autopoiesis and cognition: The realization of the living. Dordrecht, Holland: D. Reidel Publishing Company.

McCloskey M, Sokol SM, Goodman RA (1986) Cognitive processes in verbal number production: inferences from the performance of brain-damaged subjects. J. Exp. Psychol. 115:307-330

Mc Culloch WS & Pitts WH (1943) A logical calculus of the ideas immanent in nervous activity. Bull. Math. Biophys. 5:115-123. **Cit en: Von der Malsburg C. (1999)** The What and Why of Binding: Modeler's perspective. Neuron: 24:95-104.

Minsky M (1961) Steps toward Artificial Intelligence. Proc. Inst. Radio Engr. 49:8-30.

Newborn M. (2000) Deep blue's contribution to AI. Ann. Math. Artif. Intell. 28:27-30.

Papin JA, Hunter T, Palsson BO & Subramaniam Sh (2005) Reconstruction of cellular signaling networks and analysis of their properties. Nature Revs. Mol. Cell. Biol. 6:99-111.

Paulesu E, Frith CD, Frackowiak RSJ (1993) The neural correlates of the verbal component of working memory. Nature 362:342-345.

Pesenti M, Thioux M, Seron X & De Volder A. (2000) Neuroanatomical susbstrates of arabic number processing: Numerical comparison and simple addition: a PET study. J. Cogn. Neurosci. 12:461-79

Petersen SE, Fox PT, Posner MI, Mintum M, & Raichle ME (1988) Positron emission Tomographic studies of the cortical anatomy of single word processing words. Nature 331: 585-89.

Piazza M & Dehaene S (2004) From number neurons to mental arithmetic: The cognitive neuroscience of number sense. En: Cap 62. The New Cognitive Neuroscience III. Gazzaniga M.S. MIT Press.

Pinel P, Le Clec'H G, Van de Moortele PF & Dehaene S (1999) Event related fMRI analysis of the cerebral circuit for number comparison. Neuroreport 10:1473-79.

Pitts WH & Mc Culloch WS (1947) How we know universals: The perception of auditory and visual form. Bull. Mathem. Biophys. 9:127-147. Cit en: Neurophilosophy, Churchland PS, 1987. MIT press.

Pouget A, Deneve S & Duhamel JR (2002) A computational perspective on the neural basis of multisensory spatial representations. Nat Rev Neurosci. 3:741-7.

Price GR & Ansari D (2011). Symbol processing in the left angular gyrus: evidence from passive perception of digits. Neuroimage. 57(3):1205-11.

Rahm B, Kaiser J, Unterrainer JM, Simon J & Bledowski C (2014). fMRI characterization of visual working memory recognition. Neuroimage. 90:413-22.

Rajguru R (2013). Military aircrew and noise-induced hearing loss: prevention anD management. Aviat Space Environ Med. 84(12):1268-76.

Raudies F & Neumann H (2010) A neural model of the temporal dynamics of figure-ground segregation in motion perception. Neural Netw. 23(2):160-76.

Rosenberg-Lee M, Lovett MC & Anderson JR (2009). Neural correlates of arithmetic calculation strategies. Cogn Affect Behav Neurosci. 9(3):270-85

Rosenblueth A, Wiener N & Bigelow J. (1943) Behavior, purpose and teleology. Phil. Sci. 10:18-24.

Rossi S, Tecchio F, Rossini PM, Et al (2002). Somatosensory processing during movement observation in humans. Clin Neurophysiol. 113(1):16-24.

Rothemund PW, Papadakis N & Winfree E. (2004) Algorithmic self-assembly of DNA Sierpinski triangles. PLoS Biol. Dec;2 (12):e424.

Salinas E (2006) Noisy Neurons Can Certainly Compute. Nat. Neurosci. 9:1349-50.

Seeman NC (2007) An Overview of Structural DNA Nanotechnology. Molecular Biotechnology. 37 (3): 246–57.

Seeman NC (2004) Nanotechnology and the double helix. Scientific American. 290 (6): 64–75

Sejnowsky TJ (1999) The book of Hebb. Neuron 24:773-76.

Shulman GL, Fiez JA, Corbetta M, Buckner RL, Miezin FM, Raichle ME & Petersen SE (1997). Common Blood Flow Changes across Visual Tasks: II. Decreases in Cerebral Cortex. J Cogn Neurosci 9(5):648-63

Singh P (1985), The So-called Fibonacci numbers in ancient and medieval India, Historia Mathematica 12 (3): 229–44,

Singh S. (1999) The Code Book. Anchor Books Eds.

Sipser M (1997), Introduction to the Theory of Computation. 1st ed. IPS

Stern N (1981) ENIAC to UNIVAC: an appraisal of the Eckert Mauchly computer.Digital press Bedford MA.

Stevens JR, Wood JN & Hauser MD (2007). When quantity trumps number: discrimination experient in cotton-top tamarins (Saguinus oedipus) and common marmosets (Callithrix jacchus). Anim Cogn. 10(4):429-37.

Stix G (2005) Criptografía Cuántica Comercial. Sci. Am. Lat. 32: 5-59.

Tononi G, Sporns O & Edelman GM (1992). Reentry and the problem of integrating multiple cortical areas: simulation of dynamic integration in the visual system. Cereb Cortex. 2(4):310-35

Tononi G & Sporns O (2003). Measuring information integration. BMC Neurosci. 4:31

Turing AM (1948) Intelligent Machinery. Rep. Natn. Phys. Lab. Teddington. CIT In: Pellionisz & Llinás. Neuroscience, 16:245-73.

Turing AM (1950) Computing machinery and intelligence. Mind. 59: 433-460.

Ungerleider LG & Haxby JV (1994) What and where in the human brain. Curr. Op. Neurobiol. 4:157-65.

Van Nooten B (1993) Binary numbers in Indian antiquity". Journal of Indian Philosophy 21 (1): 31–50.

Von Neumann J (1958) The computer and the brain. Yale University Press. New Haven CT.

Von Neumann J (1966) Theory of Self-Reproducing Automata. A. W. Burkes Ed. Urbana, University of Illinois Press

Walborn SP, Terra-Cunha MO, Padua S & Monken CH (2002) Double Slit Quantum Eraser. Phys. Rew. 65: 033818, 1-6

Weddell RA & Davidoff JB (1991) A discalculic patient with selectively impaired processing of the numbers 7, 9 and 0. Brain and cognition 17:240-71.

Werbos PJ (1974) Beyond Regression: New Tools for predictions and analysis in the behavioral sciences. Ph. D. Thesis. Harvard Univ. Cambridge MA. Cit In: Pellioniz and Ramos, 1993. Prog. Brain Res. 97:245-56

Zambrano Y (2012) Neuroepistemology. Phi Psi K'a Publishing, Co.

Zambrano Y (2014, a) De los Iones a la Membrana, NBI Editores.

Zambrano Y (2014, b) En busca del pensamiento perdido. NBI Editores.

Zeng J, Shahbazi M, Wu C, Toh HC, & Wang S (2012). Enhancing immunostimulatory function of human embryonic stem cell-derived dendritic cells by CD1d overexpression. J Immunol. 188(9):4297-304.

93

www.ingramcontent.com/pod-product-compliance
Lightning Source LLC
Chambersburg PA
CBHW072213170526
45158CB00002BA/585